U0258767

Vanishing Wilderness of Asia

美丽的地球

斯特凡诺·布朗碧拉 / 著　韩露 / 译

中信出版集团 · CHINACITICPRESS · 北京

图书在版编目（CIP）数据

美丽的地球. 亚洲 / (意) 布朗碧拉著 ; 韩露译
. -- 北京 : 中信出版社, 2016.6（2024.5重印）
书名原文: Vanishing Wilderness of Asia
ISBN 978-7-5086-6079-0

Ⅰ. ①美… Ⅱ. ①布… ②韩… Ⅲ. ①自然地理－世
界②自然地理－亚洲 Ⅳ. ①P941

中国版本图书馆CIP数据核字(2016)第069905号

Vanishing Wilderness of Asia

WS White Star Publishers® is a registered trademark property of De Agostini Libri S.p.A.
©2009 De Agostini Libri S.p.A.
Via G. da Verrazano, 15-28100 Novara, Italy
www.whitestar.it-www.deagostini.it
All rights reserved
© 中信出版集团股份有限公司
本书中文简体版经意大利白星出版社授权，由中信出版集团股份有限公司出版、发行。
本书图和文字的任何部分，事先未经出版者书面许可，不得以任何方式或任何手段转载或刊登。

美丽的地球：亚洲
著　　者：［意］斯特凡诺·布朗碧拉
译　　者：韩露
策划推广：北京全景地理书业有限公司
出版发行：中信出版集团股份有限公司
（北京市朝阳区东三环北路27号嘉铭中心　邮编　100020）
（CITIC Publishing Group）
承 印 者：北京华联印刷有限公司
制　　版：北京美光设计制版有限公司

开　　本：720mm × 960mm 1/16　　印　　张：19.5　　字　　数：79千字
版　　次：2016年6月第1版　　印　　次：2024年5月第19次印刷
京权图字：01-2010-0643　　审 图 号：GS（2021）5613号
书　　号：ISBN 978-7-5086-6079-0
定　　价：78.00 元

版权所有·侵权必究
凡购本社图书，如有缺页、倒页、脱页，由发行公司负责退换。
服务热线：010－84849555　　服务传真：010－84849000
投稿邮箱：author@citicpub.com

加里曼丹岛丛林中，两只猩猩在树上攀爬嬉戏

世界最高峰珠穆朗玛峰，位于尼泊尔和中国境内，它雄浑、神秘而圣洁

中国九寨沟自然保护区，湖瀑相应，动静相宜，色彩斑斓

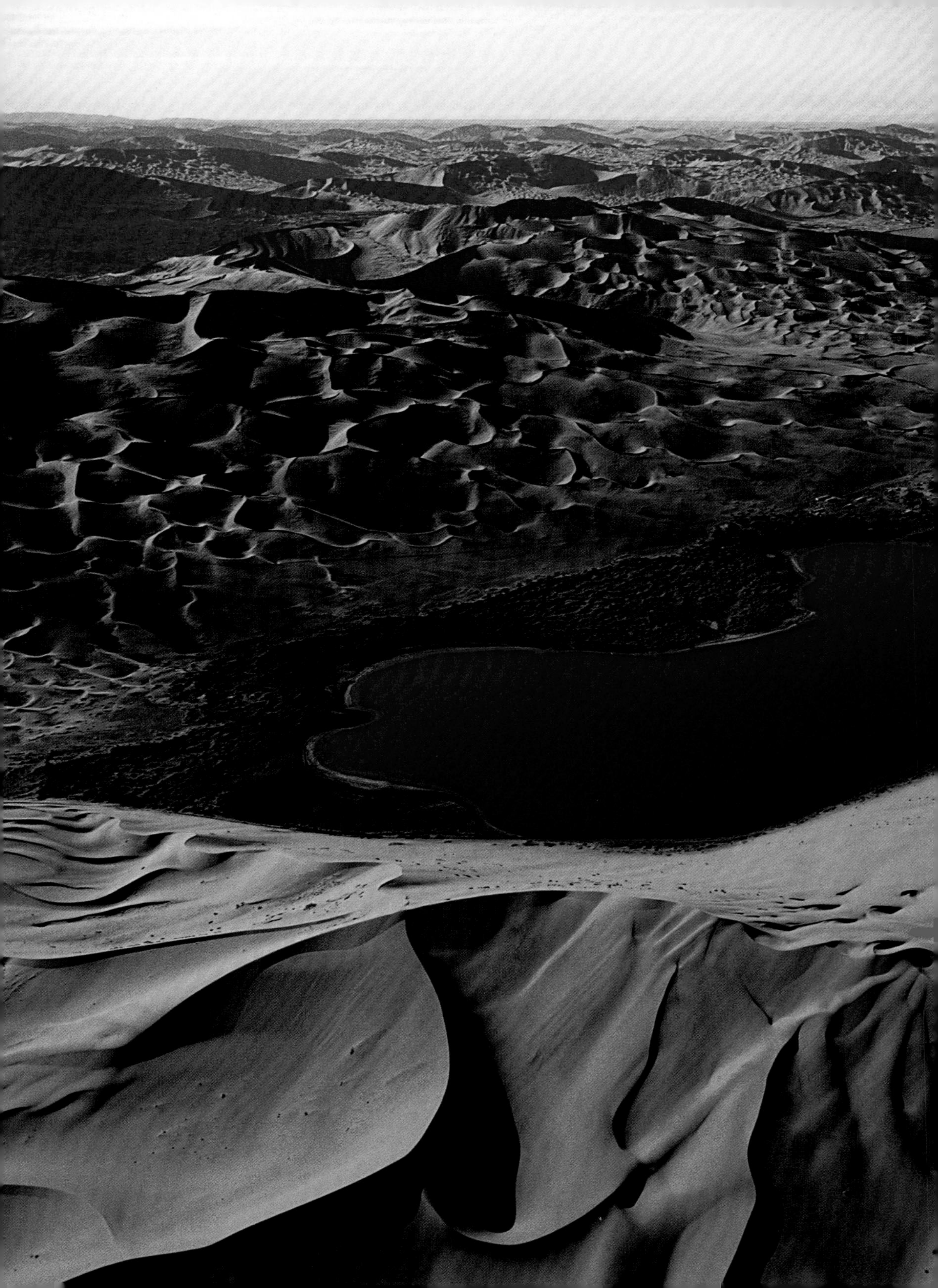

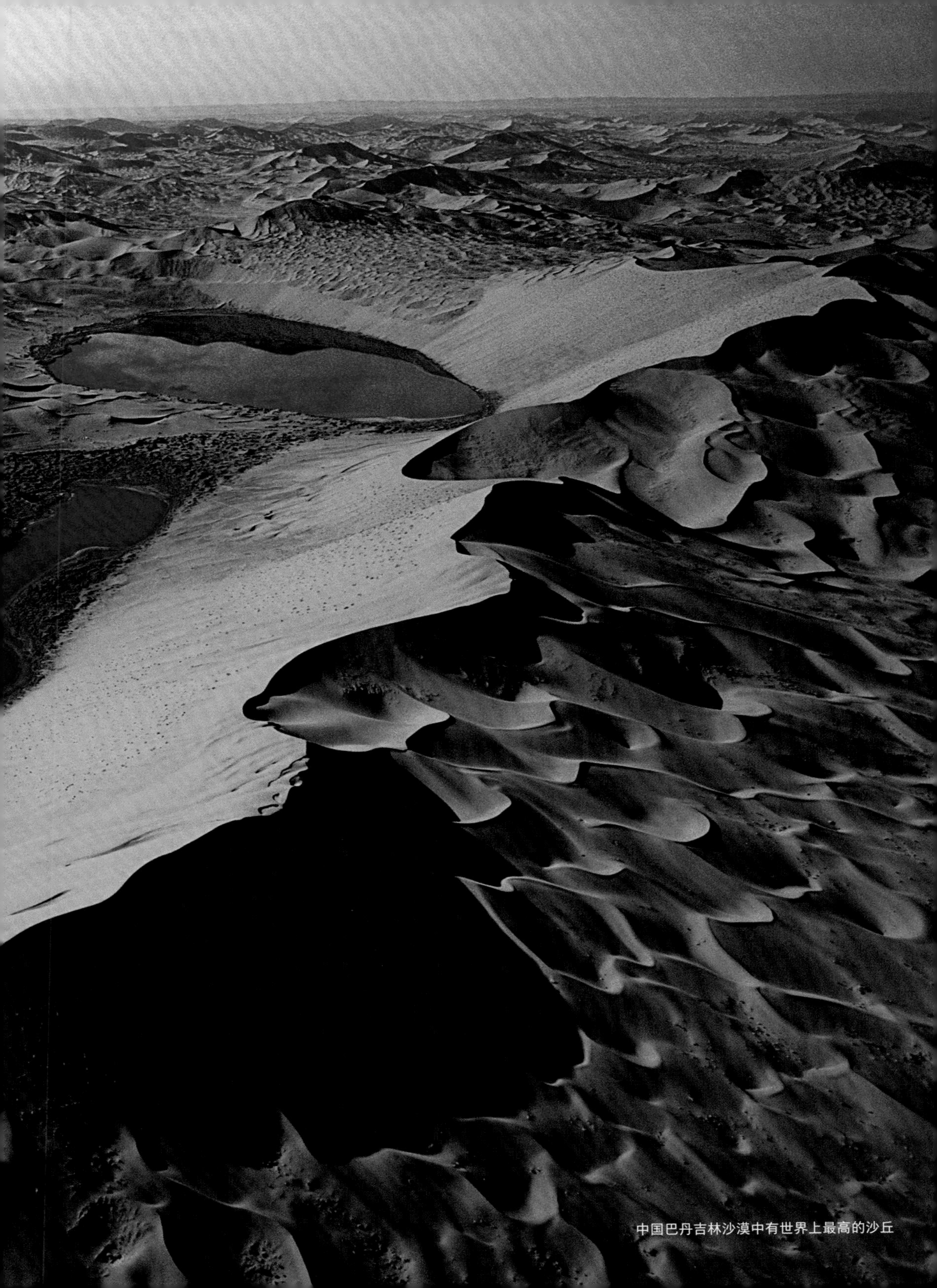

中国巴丹吉林沙漠中有世界上最高的沙丘

马来西亚沙巴州达努姆谷保护区内，原始森林的奇幻仙境

Contents
目录

Preface
前言

本书的撰写主旨是回答一个简单而神秘的问题：什么是亚洲？

最显而易见的诠释——亚洲仅被视为一个大洲。

如果我们看过地球仪，就能很快意识到亚洲大陆与其他大洲之间的差别极大。非洲大陆或美洲大陆都被漫漫海水环绕，就连大洋洲的澳大利亚大陆也是一个独立的整体。它们规则的形状能被人们轻易地辨别出来。亚洲与欧洲大陆相连，构成我们熟知的“亚欧大陆”，但它不仅是常用口语，而且更多被用于学术领域。亚洲的边界难以轻而易举地与其他洲相区分的是它的东部与东南部，其间岛屿星罗棋布；在它的西部有多个半岛；在它的四周，海岸线曲折盘旋。那么，在亚洲的内陆又是怎样的一种场景呢？地球上30%的干旱地区分布在亚洲，而正是在亚洲，生活着由数百个特色迥异的民族组成的40多亿人口——约占世界人口总数的60%。

同样，在亚洲，没有完全意义上独立的地理特征，也没有任何一种典型的环境或生态特征能赋予它一种普遍性的、具有凝聚性的诠释。由于其民族构成的多样性，导致这个大陆上的社会、文化、政治及历史等方面都有着巨大的地域性差异。

想要给亚洲下一个定义是件极为困难的事情，这甚至比列举亚洲的自然奇景要困难百倍。

亚洲的气候条件、植物和动物种属过于多样，所以很难确立一种共性将它们分组。由此，只有以亚洲的美景作为描述对象时，才会发现其自然环境的富饶、生态系统的独特、风景景致的多姿。

西伯利亚，这片辽阔无垠的极寒原野被冷杉树等针叶林密实地覆盖着，刺骨的寒风从林间树梢掠过，日复一日，年复一年。生长着苔藓和地衣植物的北极冻原地带是北极冰川的起点，每年夏天，数以百万计的鸟类从南方迁徙至此繁殖后代。

蒙古草原和戈壁大荒漠，是珍稀骆驼的家园。

中东贫瘠的山地遍布着特有的沙丘、古旧的河床和深幽的峡谷，还有庞大的山脉。这也是世界上最高大的山脉。这里的高原海拔远远高于世界上任何高原，同时也是世界上几条最重要的大河的源头。

印度和东南亚的热带丛林及亚热带丛林植被茂盛，高贵的兽中之王——虎，将这里视为自己的王国。印度尼西亚和菲律宾所辖群岛是多样性动植物的天堂，吸引着无数科学家和研究者惊奇的目光。而印度洋的环礁和太平洋的珊瑚礁则充盈着万花筒般奇异多变的生命形态。

我们千万不能忽略那躁动不安的火山带来的原始自然力量，太平洋火山带——从俄罗斯和日本开始，一路向苏门答腊（Sumatra）岛绵延。在亚洲，每个地区都能寻获创作一本美景奇观写真集的绝佳素材。

本书44个章节中的美景，是按照一个非常主观的标准从如此繁多的亚洲自然奇观中挑选出来的。除了一些世界上最著名的地方，如西奈半岛、珠穆朗玛峰和乔戈里峰，本书还包括了一些并不被人熟知却同样令人惊奇的地方，如阿富汗的班德阿米尔湖（Band El Amir），菲律宾的巴拉望（Palawan）岛，以及俄罗斯太平洋沿岸的堪察加半岛（Kamchatka Peninsula）。

我们相信，有些地方可以迅速成为全世界聚焦的热点。这些地方大部分是自然保护区，能够代表其周遭环境的典型特征，比如泰国的艾山国家公园（Khao Yai National Park）和约旦的鲁姆河谷（Wadi Rum），它们就是很好的例证。

一些地域常常被形容为幅员辽阔，有数千万平方千米，比如广阔的西藏高原和亚洲中部的庞大山脉。一些地域因丰富的动植物资源而备显独特，以至于每当提及它们的美景时，连动植物都扮演着重要的角色。

本书的每一个章节都穿插着许多华美的照片和有助于解读的文字，使其想要呈现的意图比言语更易让人接受和理解。本书所选用的照片将会使读者惊艳不已，使得文字部分逐渐变成图片的一种补充性说明。

在进行此次绝美的旅程之前，我们还需要提醒读者们注意：这一本书试图要表现出亚洲美艳而又迷人的一面，这些美艳不仅经受住了现代文明的侵蚀，其自身的魅力也是相当独特而出众的。

现在到处流传着这样的说法：亚洲正在遭受严重的污染和灾害破坏，人们仍然在不断破坏自然。我们希望这本书能够提醒人们，书中提及的44个美景亟待人们的关注与保护，这是为了让我们的后代能够在未来还能有机会分享这份自然的恩赐。

东北虎早已适应了俄罗斯寒冷的冬天

巴基斯坦境内，喀喇昆仑山脉特朗戈峰的多个峰顶，其雄姿使人震撼

日本上信越高原国家公园内，一只日本猕猴正在帮助同伴捉跳蚤

中国黄山，云雾缭绕，人间仙境

越南下龙湾 热带海湾别样[illegible]美丽 隐藏在黄昏深处

01

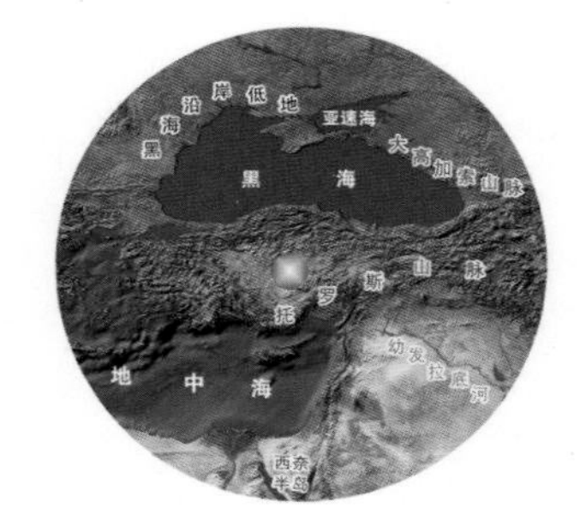

土耳其

Cappadocia
卡帕多细亚

卡帕多细亚（Cappadocia）的风景只能被形容为超现实主义风格。对于那些有机会能够亲临此处的人来说，卡帕多细亚已超越了现实。它的独特性是地球上任何一处风景都无法比拟的。

怎样描述才好呢？卡帕多细亚位于土耳其中部，在首都安卡拉（Ankara）以东100千米的一片多山区域内，因地质作用形成了无比壮观的景象。这里呈现出千奇百怪的地质形态，有的是圆锥形，有的是方尖碑形，有的形状像蘑菇、烟囱、城堡、圆柱、高塔、山峰或支柱。风、太阳、雨水，这些普通的自然风化作用并不能够完全形成这片不可思议的景象，还需要灰尘、高温的帮助，以及一天内不断改变投射方向的阳光，进一步挑战自然的极限，从而创造出这片多姿多彩的景致。

地质学家认为，这样的自然景观的形成最早始于3000万年前。在于尔居普（Ürgüp），有三座分别名为埃尔吉耶斯（Erciyes）、哈桑（Hasan）和梅伦迪兹（Melendiz Dağları）的火山接连爆发，所有的喷发物盖住了古代于尔居普的陆地表面。这三座火山在狂怒、逐渐微弱直至平息的过程中，凝灰岩形成的高地开始遭受克孜勒马克河（Kızılırmak River）

卡帕多细亚位于安纳托利亚高原的中心地带，其石灰华的形状千变万化

这烟囱是精灵的家，还是被真主的现身吓坏了的武士？无论是哪一种传说，都出自于我们丰富的想象力。卡帕多细亚被称为“精灵烟囱”，这处自然地貌看上去完全不像地球上的产物，却是地球上最著名的地质现象之一

卡帕多细亚的石灰华形成一片迷人的风光

和狂风暴雨的侵蚀，接连发生的地震也对其形成造成了重要的影响。

凝灰岩是一种软质的岩石，由火山灰经过挤压作用形成，很容易遭受自然的侵蚀。凝灰岩的成分之中也包含有坚硬的岩石，持续的侵蚀作用创造出被称为“精灵烟囱”的石林区，这也许是这片地区最雄伟壮观的自然艺术作品了。

当凝灰岩从外周全部被侵蚀后，那些能够抵抗住侵蚀的最坚硬的岩石往往是玄武岩。玄武岩扮演着巨大圆锥体的“帽子”，直到它能够完成均衡重力作用为止。最后，岩石下部由于侵蚀作用无法再承受住“帽子”的重量而倒塌，这个过程又将重新开始。

卡帕多细亚拥有巨大的吸引力不仅是因为美妙的风景，它悠远的历史更令人神往。纵观卡帕多细亚的历史，不断入侵的多个帝国军队都忽略了这片地区，从而使这片地区的原住民数量得以保持，让他们有机会继续保护着这里独特的自然环境。

凝灰岩形成的土壤不仅可以培育藤类植物和种植果树，而且易于耕种，还能为人类和动物提供天然庇护所。

从古至今，这些天然岩石都在发挥着重要作用，有的成为人类的房屋，还有的成为墓穴、教堂、马厩、水井和走廊，在这些景致中，最著名的是由格雷梅（Göreme）建造的名为泽尔维（Zelve）的教堂，其中珍贵的拜占庭壁画已经使之成为一座真正的露天博物馆。这里留下的修道士穴居的残余痕迹是最有趣的，它讲述的是卡帕多细亚穴居的历史。

迪夫里特（Devrent）和帕夏（Paşabağı）的山谷，因漂亮的石林而成为最上镜的美景，而于奇萨尔（Üçhisar）因其岩石堡垒上众多的洞穴和房间而闻名于世。

02

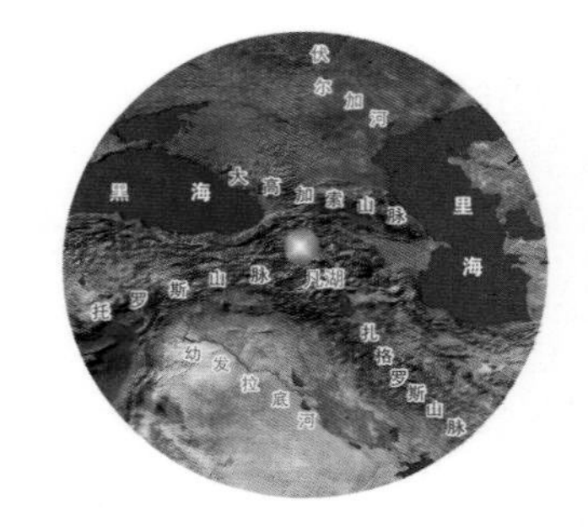

土耳其

Mount Ararat and Lake Van
亚拉腊山与凡湖

亚洲只有少数的山岳为西方世界所熟知，这其中就包括亚拉腊山（Mount Ararat）。这源于《圣经》中“挪亚方舟”的故事——《旧约》中最被广泛流传的故事之一。但挪亚是否真的将船停靠在亚拉腊山附近就不得而知了。为什么《旧约》的作者说是亚拉腊山呢？有些学者坚持认为书中指向的是当时的乌拉尔图王国（Urartu），也有学者认为这不过是指在这座山附近的一大片地区，还有学者认为就是指这座山本身。无数的研究者、历史学家、冒险家和骗子来到土耳其的火山地区（位于亚美尼亚与伊朗之间），做了许多尝试并宣称他们发现了《圣经》中的那只传奇的大船。事实上，当你亲眼看到亚拉腊山［土耳其语称为阿赖山（Ağrı Dağı）］，就会情不自禁地被它的故事和传奇所感染。亚拉腊山外表庄严肃穆，高耸入云的山峰（主峰高5137米）常年被冰雪覆盖，在峰顶有一大片平原地区。这是一座真实而壮美的大山，多个世纪以来，亚美尼亚的修道士们认为这是一座神圣之境，而不允许任何人攀登。

但在1892年，德国学者约翰·雅各布·帕洛特第一次挑战攀登成功。尽管亚拉腊山位于土耳其境内，但是居住在亚美尼亚首都埃里温（Yerevan）的

对于那些有经验的高山登山者来说，亚拉腊山绝对是一座容易攀登的山

靠近亚拉腊山的凡湖面积3755平方千米。修建于公元10世纪的天主教堂位于阿克达马岛上

居民每天都能够隐约眺望到亚拉腊山，直至今天依然认为亚拉腊山是他们民族的象征。事实上，亚拉腊山在军事和政治上一直都是一个极为敏感的重要地区，三个国家（亚美尼亚、伊朗和土耳其）对它的觊觎从未放松过，这使得三个国家的外交关系也从未融洽过，更不存在所谓稳定的睦邻关系，因而想要进入这片地区探访亚拉腊山也就成为一件极其困难的事情。

亚拉腊山是镶嵌在土耳其东部地区王冠上的一块宝石，璀璨而神圣。亚拉腊山主峰周围散落着其他一些自然奇景，最有名的就是凡湖（Lake Van）。

这片内陆海是由一座古老的休眠火山——位于湖西侧的内姆鲁特（Nemrut）的熔浆岩下陷而形成的，它曾经无数次塑造了这个湖泊。今天，内姆鲁特火山口已形成一座湖泊，这是土耳其最大的火口湖，也是世界最大的火口湖之一。内姆鲁特湖（Nemrut Gol，意为“大湖”）长5千米，宽2.5千米。在伊利戈尔（Iligol）附近还有一些更小的湖泊，温度在26℃以上的温泉证明了这里曾经火山活动频繁。

最后还有一个关于鸟类的奇闻逸事：居住在火山口普通的黑海番鸭，是一种生活在欧亚大陆和北美洲北部地区比较独特的鸟类。黑海番鸭在土耳其的山上做什么？这是动物学史上的未解之谜。也许这里曾经是冰川地区，当大雪覆盖着欧洲大部分地区时，野生动物不得不停留在低纬度地区。冰雪融化时节，一些鸭子选择生活在火山附近，而免于再受南北迁徙之苦。从此以后，它们再也不曾离开。

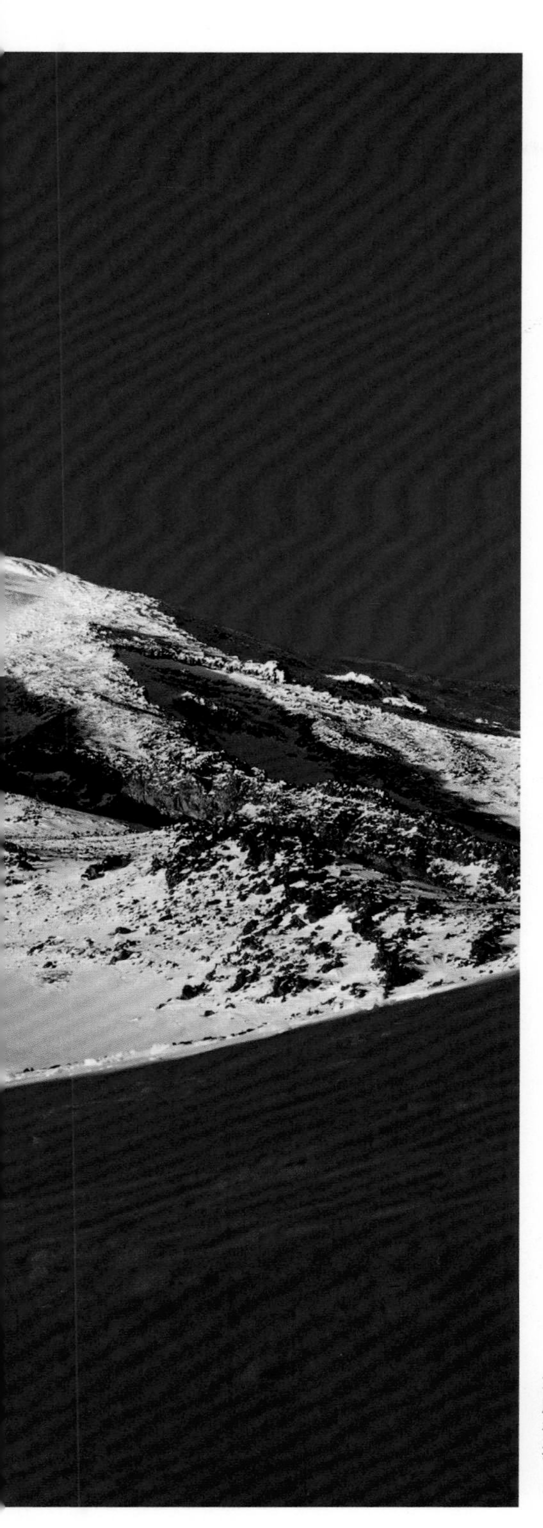

靠近亚美尼亚和伊朗边界的亚拉腊山，是土耳其最高的山峰。它有两个火山山峰，分别叫作大亚拉腊山（5165米）和小亚拉腊山（3896米）。这两座山峰已经休眠了几千年

03

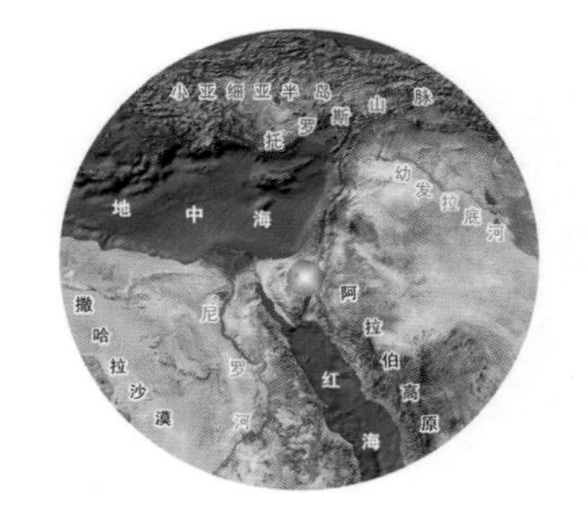

以色列—埃及

The Sinai and Negev Deserts
西奈半岛和内盖夫沙漠

西奈半岛尽管在地理上是最靠近苏伊士运河和非洲的亚洲地区，却是由埃及政府管辖的，所以这本关于亚洲的书中提到埃及，也就不足为奇了。西奈半岛西临苏伊士湾（Gulf of Suez），东濒亚喀巴湾（Gulf of Aqaba），曾经是连接亚欧大陆的陆桥。西奈半岛的地理位置和丰富的矿产资源使它成为兵家必争之地。今天，随着旅游业的不断发展，西奈半岛沿海的海滩发挥出更为巨大的旅游经济潜力，最著名的就是东部沿海的沙姆沙伊赫（Sharmel Sheikh）。这里的珊瑚礁美得难以用语言表达，从靠近以色列边境的塔巴（Taba）一直延伸到穆罕默德角（Ras Mohammed）。穆罕默德角国家公园已经成为世界上最著名的海底公园之一。

在西奈半岛内部，尤其是南部地区，尽管白天温度很高，依然能够吸引无数乘坐观光巴士的游客蜂拥而至。由于有着丰富的历史遗迹和宗教传统，这里遍布宗教著名景点，如古代圣凯瑟琳修道院（St. Catherine's Monastery）和与《圣经》相关的其他景点。这的确是一片让你意想不到的地方：粗糙而荒凉的山脉、红色的峡谷、沙漠中的绿洲、干旱

富加山高原还被称为“柱子之林”

亚洲大陆的西奈，实际上是由埃及政府统治。西奈半岛最著名的就是那粗犷而多岩石的荒漠

西奈山，又称摩西山，海拔2285米，是半岛的第二高山

这是塔巴附近的西奈沿海景色。塔巴是埃及距以色列最近的城市

蒂朗海峡中的珊瑚礁为游客提供了无与伦比的潜水体验

这只狐狸生活在穆罕默德角国家公园内，尽管这座公园大部分都是海面，但也包括一部分陆地

图中所示是西奈半岛最南端的穆罕默德角，现已划入1983年建立的保护区内

照片中的泥灰岩是这个地区典型的沉积岩岩层

从这里看过去，很难估计宽阔的拉蒙凹地具体有多宽。实际上，它是内盖夫最大的凹地，其大小为228平方千米

下凹的地质特征在内盖夫与西奈显得十分独特。它们看上去很像火山口，但实际上是由于水的侵蚀作用而非火山爆发形成的。卡坦凹地长8千米，宽7千米

提姆纳峡谷国家公园漂亮而又奇妙的石沙造型形态各异（如蘑菇、拱门、所罗门王华轿上的柱子），每年都有数以千计的游客慕名前来

的河谷，每到日落时分，高大而贫瘠的山峰便泛出猩红色的光芒。

北部地区一直到地中海海岸是一大片平坦而多沙的平原。尽管气候干燥，西奈仍然有着种类繁多的动植物。曾经有人计算过，埃及境内大约超过60%的植物物种在西奈都能看到，其中33%的植物物种都是本地所特有的，散布在半岛的岩石之中。

半岛以东是另一个沙漠，即内盖夫沙漠（Negev Deserts）。“内盖夫”是希伯来语，意思是“南方”，而另一种解释为“干燥”。以色列国土超过一半都属于内盖夫沙漠，这里和西奈的面貌相近。在内盖夫沙漠的北部地区，政府已经成功地将干燥的岩石土壤改变为高产的农地。而在南部地区，越是接近埃拉特（Eilat）港，内盖夫沙漠的荒凉之美就越吸引人：巨大的岩石山谷被大风侵蚀，如果踩着布满灰尘的小路行走，常常迷失方向；沿途不时还会看到几棵从岩石中冒出来的阿拉伯树胶。

在埃拉特以北30千米的地方，就是著名的提姆纳国家公园（Timna National Park），那里有许多漂亮而奇妙的沙丘造型，有的看上去像是拱门，有的像是蘑菇，有的像是沉睡的狮子，还有的像是所罗门王华轿上的柱子（《圣经·旧约》中，所罗门王用黎巴嫩木为自己做了一座华轿，轿柱用银子制成）。公园里还保存着世界上最早的铜矿遗址，年代可以一直追溯到公元前4000年。

提姆纳峡谷国家公园位于埃拉特以北30千米，是内盖夫最重要的公园

这里的天空还存在其他奇迹般的现象。每年春天，超过5亿只鸟在撒哈拉沙漠以南越冬后迁徙到北方，途经西奈半岛的海岸和亚喀巴湾。这些鸟包括鹳、雕、鹰和麻雀，它们常常不喜欢从空寂的海洋飞过，所以它们沿着海岸线穿过狭窄的海峡，迁回亚洲和欧洲。这一大块地区是迁徙的“瓶颈”地区：如果风向正确，一天之内可以容纳几千只鸟在这里捕食，一些数量比较少的鸟类会暂时在灌木丛中停留休息，在一天辛苦的飞行之后寻找食物。这壮观的场面将在秋天来临之际重新上演，不知疲倦的鸟儿们将离开欧洲和亚洲，去温暖的非洲度过寒冬。

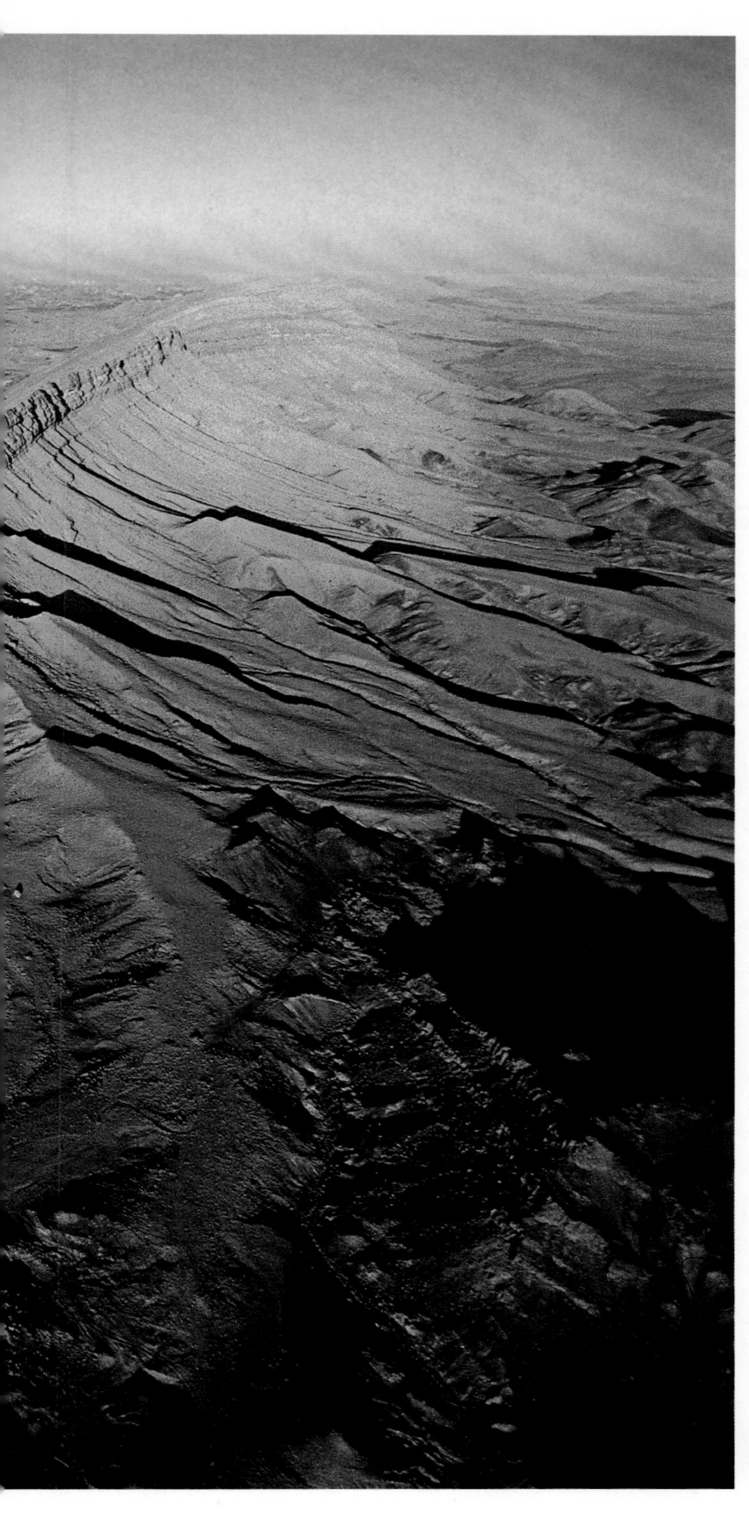

拉蒙凹地的南壁从这个侵蚀而成的“火山口”的底部拔地而起，高达300米

04

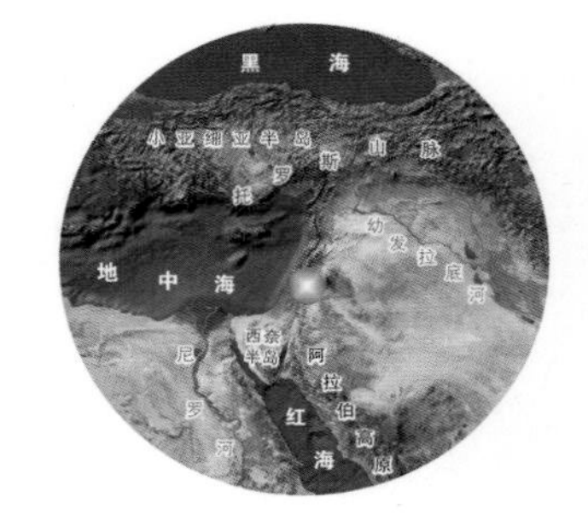

约旦—以色列—巴勒斯坦

The Dead Sea
死海

正如我们所知，红海并非红色，就如黑海也非黑色一样。然而，死海中的确没有生命存在。死海因其水质盐分太高，除了一些细菌和海藻以外，再无其他生物存活迹象。试想应该没有哪一种鱼类、两栖动物或者是软体动物能够忍受盐度超过30%的水体（普通海水的盐度在3%～4%之间）吧？

如果你能够想象出死海周边那由干旱贫瘠的山岳构成的荒凉的沙漠，和一种完全与世隔绝的状态，你就难以认同以色列、约旦和约旦河西岸交界上的这座湖泊具有任何吸引力和如何舒适的环境的说法。

汪洋成于涓流。汇集成死海的主要河流曾是中东地区最大的河流之一。在历史上，约旦富饶的河岸上，曾经孕育出多个文明和宗教，这在世界史上也是极为罕见的。但是为什么这片肥沃的土地上会出现一片干燥的含盐盆地呢？事实上，死海位于东非大裂谷之中，这个大裂谷从土耳其一直延伸到非洲东部地区，是一条长长的地质裂隙。约旦河进入裂谷，其深度达几百米。河流在裂谷中很难流泻出去，从而导致河水不断大量蒸发（日蒸发量高达几百万加仑），使得水中的盐分不断沉积下来。死海

死海的面积为800平方千米，位于以色列、约旦和约旦河西岸之间。死海是由约旦河和其他河流汇集而成。因为进入死海的河水越来越少，而蒸发量却日益增加，死海的面积锐减

死海是世界上第二大咸水湖（第一大咸水湖是里海），它的盐度是地中海的9倍。巨大的蒸发量使得大量盐晶顺着死海沿岸沉淀下来。大部分的沉淀物被用于提炼钾、溴以及具有腐蚀性的碳酸钠和光卤石

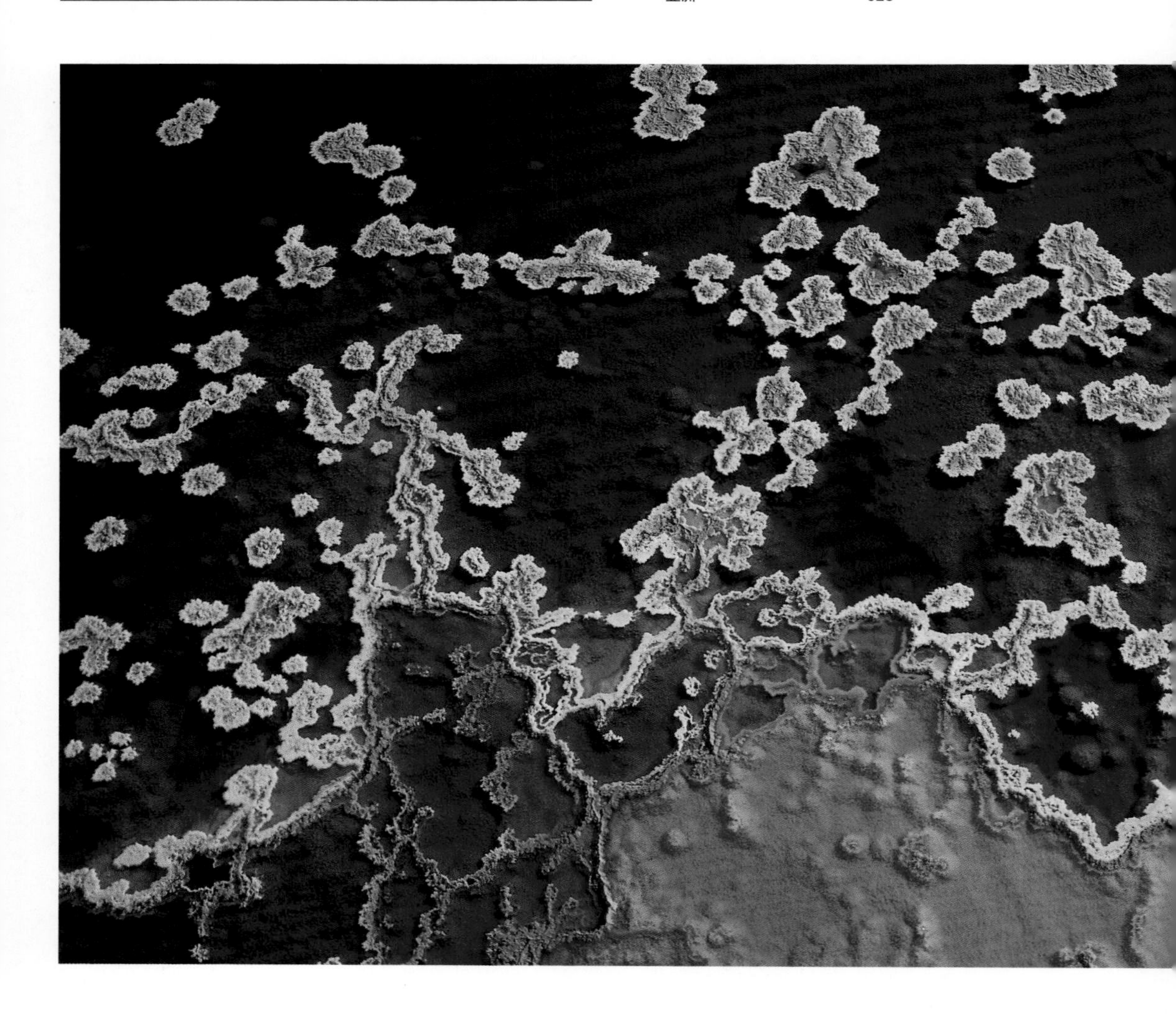

死海大量蒸发留下很多盐沉积物，看上去如同印象派雕塑或是绘画。缤纷的色彩来自各种矿物质。大部分海水中的盐是由97%的氯化钠组成（也就是我们厨房中用的盐），而在死海中，盐水成分还包括其他的氯化物，如氯化钾、氯化镁和氯化钙

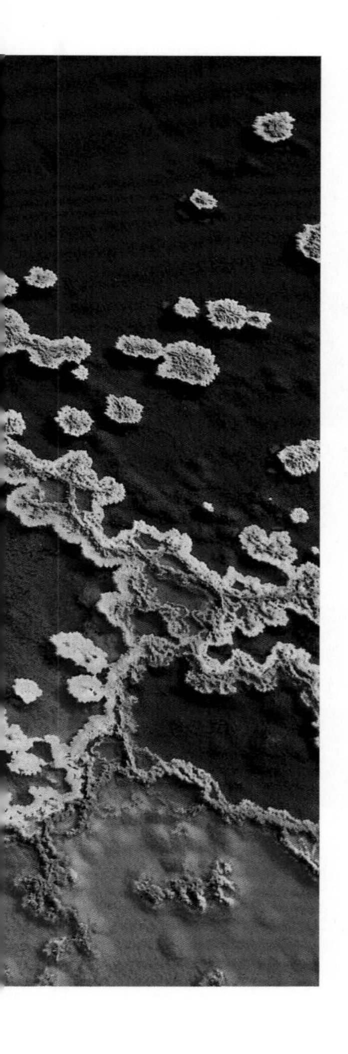

的沿岸（死海长约70千米，宽约20千米，深约300米）是地球陆地表面上的最低点，低于海平面以下420米。

尽管死海的景象有些近似极端，但也许就是这极端而构成了一种独特的吸引力。现今，死海已成为著名的旅游胜地，无数外国游客为了疗养而纷至沓来。由于空气极为湿润，还有大气高压与高温，加之死海的高效蒸发，使空气中的氧气与水中丰富的钙、镁、硫黄、溴盐和沥青特殊地结合在一起。科学证明死海的水和泥土能够治愈皮肤疾病，并且能够治疗某些慢性疾病。

除此之外，游客们还将参观死海视为一次特殊的体验——在死海中潜水。死海的高盐度使漂浮于水面上成为一件易事，游泳却变得几乎不可能。但不幸的是，这种情况不会持续太久——死海正以一种较高的速度奔向“死亡”。其原因有几点：由于约旦河上修建了大坝，以及不断建造的灌溉工程，能流到死海的河水越来越少，死海的蒸发量却不断上升，死海湖面的海拔越来越低（从1970年海平面以下395米，到2006年海平面以下418米）。几年前，约旦、以色列和巴勒斯坦民族权力机构曾签署一份协议，为死海寻找一条可能的“海水通道”。这是一个艰巨浩大的工程，一条长175千米的管道将穿越沙漠，将红海中的海水引流至死海。从经济学、生态学和社会学角度考虑，这项工程难以想象，但是除此以外，别无他途。

05

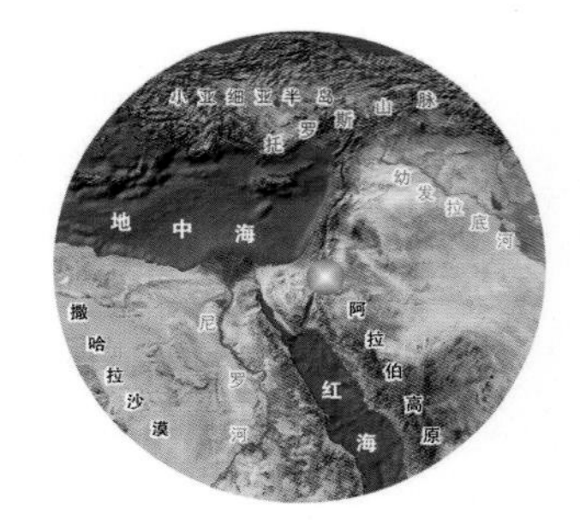

鲁姆河谷位于约旦西南部的首都安曼以南约370千米。鲁姆河谷这个名称是根据当地独特的山谷、多条平行的峡谷和大片的沙漠所取的。鲁姆（Rum）一词可能来自阿拉姆语，意思是“高的”，按阿拉伯语拼写为“Rum”，但又常常根据原来的语音转写为“Ramm”（拉姆）

约旦

The Wadi Rum
鲁姆河谷

历经风雨雕琢，峡谷四周的塔状和尖顶状山峰由褐色、黄色、赭色或白色的岩石组成。热情似火的红色沙丘呈现出一派壮观的景象，每当拂晓或傍晚时分，暗蓝色的天空下，太阳的光线最大限度地将这片土地映照得万般辉煌。这里遍布岩石壁画，数以千计的关于人和抽象符号的画面以及贝都因人（Bedouin）的黑色帐篷每天都在遭受风的凶猛袭击。这里就是鲁姆河谷——约旦最著名、最壮观的峡谷。

鲁姆河谷距离红海沿岸的约旦港口亚喀巴约70千米。如果长期在此处逗留，你就会认同一位著名的英国上校——T. E.劳伦斯（T. E. Lawrence）的描述和行为，穿越时空，与这一切景致形成共鸣。劳伦斯在《智慧七柱》（*The Seven Pillars of Wisdom*）中，将此处描述成一个“怡人的地方”“壮丽、宽广、回声荡漾，并且神圣”的地方。他于1917年在鲁姆河谷生活了数月，当时，英国情报部门委托他联合当地的游牧民族，以“阿拉伯事业”为名共同抵抗土耳其政府。实际上，这里民族之间的攻击与争斗经常发生。

这段传奇故事在1962年被搬上银幕，拍摄地就

在鲁姆河谷。《阿拉伯的劳伦斯》这部伟大的影片将鲁姆河谷——这座约旦沙漠中最迷人的地方展现在全世界观众的面前。

鲁姆河谷的客栈位于沥青公路的尽头，在那里，各种小路和人车行驶的轨迹如同网络般向四周延展，人们可以开着四驱车或骑着单峰骆驼在这里游逛。通过这个道路网可以进入鲁姆河谷的主要风景区和其他巍峨的峡谷之中。这里峡谷岩壁的高度有的可达500米。沿途经过古代纳巴泰王国的古遗址，还能看到美妙的洞穴艺术，其历史能够追溯到公元前5000年以前。

这里还生活着许多沙漠动物，你可以看到努比亚瓶羊爬上高大的岩石；貌似巨型土拨鼠的蹄兔实际上是大象的远亲，它们总是尝试着躲避长腿兀鹰或黑雕搜猎的目光；而狞猫和非洲野猫则小心地等待着生活在岩石丛中的云雀或是麦翁的到来。

不仅如此，沙丘和岩石如同野生动物一样，为这里的壮观景象增添一份别样的味道。万花筒般的颜色，沙丘千变万化的形态，各种形状的花岗石山岩被柔软的沙分隔开来，交织密布在峡谷中，形成一道道天然桥梁。从发展旅游业的角度来看，鲁姆河谷的神奇魔力还是具有非凡价值的。

卡沙里峡谷是鲁姆河谷最受欢迎的观光点，峡谷两侧，有许多纳巴泰人和塔木德人留下的岩画

06

阿富汗

The Lakes of Band-e-Amir
班德阿米尔湖群

如果问起人们对于阿富汗的印象，答案可能是战争、贫困和混乱的局势。当然，没有人会提及任何关于这个国家的自然奇景或者是任何关于这个国家的艺术作品。尽管如此，这个“亚洲的十字路口”因其独特的地理位置和不同民族与文化共存的悠久历史，直到现在还有一些重要而吸引人的宝藏等待开发。这里著名的班德阿米尔湖区，在西方世界几乎没有任何名气，但是足可以被称为“世界第八大自然奇景”。

很少有形容词能够正确形容位于高大的兴都库什山脉（Hindu Kush）上璀璨耀眼的六座湖泊。这里的海拔几乎达3000米，位于这个国家的中心位置。这是一片独特而迷人的风景区，湖区被一片凹凸不平的、梦幻般的红色岩砺沙漠所包围。冬天，大雪覆盖大地，湖水呈现出绝妙的色彩：从暗蓝色到绿松石色，再到碧绿色。湖与湖之间被白色的石灰岩石分隔开来，这种石灰岩是碳化钙的沉淀物。这时，湖区笼罩在一种神奇的魔力之下。

生活在这个区域的阿富汗人——什叶派哈扎拉族（Hazara）的人说，这自然奇迹是阿米尔——穆罕默德表亲的杰作。传说中，阿米尔（也就是当地

离阿富汗的中部地区巴米扬不远的地方，阿米尔湖群的6座湖泊如同美丽的幻影，出现在贫瘠而荒凉的兴都库什山脉之中。不断积累的碳酸钙形成一道天然的大坝，构筑出这美丽的湖体

哈伊巴特湖与祖勒菲卡尔湖是6座班德阿米尔湖中最大的两座湖泊，湖水都是来自地下富含二氧化碳的泉水，不断积累的碳酸钙则形成一道天然的大坝，而湖泊则越变越深

的大力士）挑战了恶魔王巴巴，用自己的宝剑斩断了山峰，从山上滚下的岩石阻止了河流的侵入。恶魔王巴巴对其感佩得五体投地，而后皈依了伊斯兰教。这个故事也就成为真主安拉力量的证明。班德阿米尔湖，也就是“阿米尔坝”（这是湖名的原义），在传说中被保留下来。

传说还揭示了为什么这些湖分别叫作班德哈伊巴特湖（Band-e-Haibat，“恐惧的大坝”，或者根据另一种解释为“雄伟”）、班德古勒曼湖（Band-e-Ghulman，“奴隶”）、班德帕尼尔湖（Band-e-Panir，“奶酪”）、班德普蒂纳湖（Band-e-Pudina，“巨额的财富”）、班德祖勒菲卡尔湖（Band-e-Zulfiqar，“阿米尔的宝剑”）和班德坎巴湖（Band-e-Kambar，“阿米尔的随侍”）。解释这些传说会花费很长的时间，但介绍湖区的自然形成过程却很容易：较大的湖是哈伊巴特湖和祖勒菲卡尔湖，其湖水源于地下，流水从山谷向下流，使碳化钙沿着岸边不断沉积，久而久之，这些碳化钙逐渐形成了真正的大坝，沉积不断增长，慢慢地超出湖盆的高度。这里的生态环境非常脆弱，很多年来一直受到错误的灌溉工程的威胁。

2008年，班德阿米尔湖公园面临着更大的威胁——大批游客的到访。阿富汗人民非常喜爱这个公园中的湖泊，每逢假期或是天气良好的周末，成群结伴的人们经由各种路线来到岸边享受野餐。许多年来，这里的平静被成百上千的帐篷、无数的汽车和船只，以及不可避免的垃圾堆所打破，豪华酒店和停车场不断在修建。一个由阿富汗人和美国人共同组成的工作小组，通过政府方面的影响，才使班德阿米尔湖成为一座国家公园，得到应有的保护。如今，这里不仅是一个旅游景点，还建立和开展了多个环境保护项目。

07

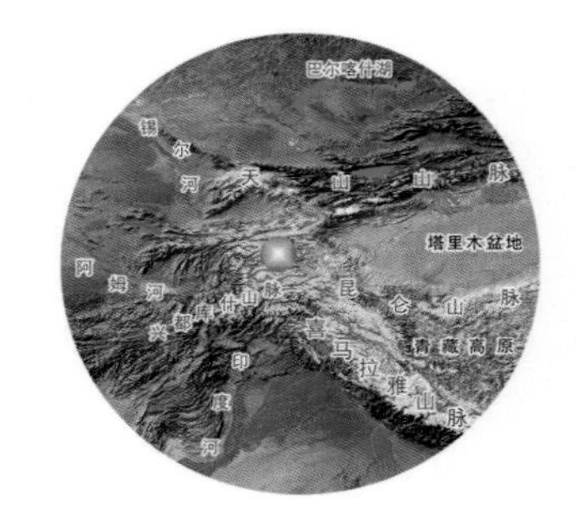

塔吉克斯坦—中国

The Pamir Massif
帕米尔高原

马可·波罗曾经这样形容帕米尔："这是已知的世界最高的山。" 虽然他从古代中国收集了无数故事和传奇，但当时他并不知道珠穆朗玛峰的存在。19世纪俄国最早的探险家们初次邂逅帕米尔高原，便为冰雪覆盖的雄伟山峰而激动感慨，称这片遥远的地方为"世界屋脊"。

寒风在冰川与河流形成的山谷中穿梭，而塔吉克牧羊人在这儿的山谷中已生活了好几个世纪。对他们而言，那巨大的高山不过是"帕姆·尼尔"（Pam Nir）而已，或者换一个比喻：没有树木生长的高海拔草原。尽管帕米尔给人们留下的印象深刻，但是这里的高度远远不能成为世界屋脊——这里的高山没有一座海拔超过8000米。

虽然帕米尔未曾达到喀喇昆仑山脉和喜马拉雅山脉的高度，但是帕米尔拥有其他的美誉，其卓越性无与伦比。帕米尔与中亚的山脉紧紧相连，是亚洲大陆中心位置的一个楔子，由此向其他方向"伸展"开去的山脉包括天山山脉、昆仑山脉、兴都库什山脉、喀喇昆仑—喜马拉雅山脉。

你所需要做的就是通过了解这里山峰的名字，从而认识历史。举一个例子，今天，被称为伊斯梅尔·索

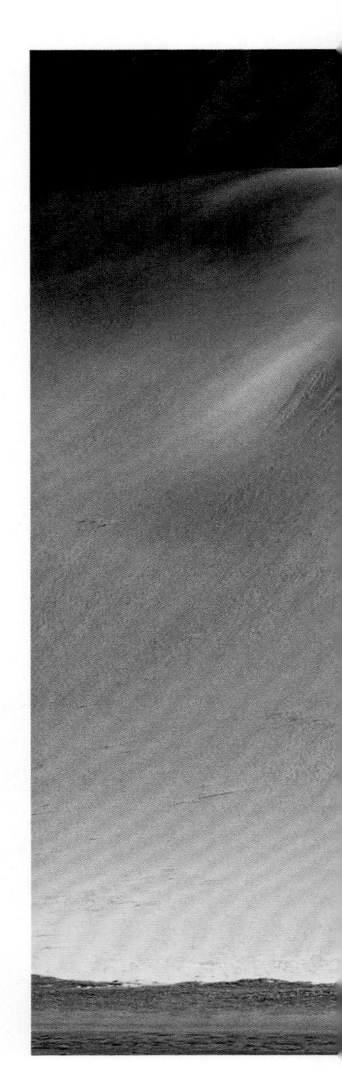

黑熊和盘羊是亚洲中部山脉典型的哺乳动物。黑熊们在森林中来回游荡，有时也喜欢爬到树梢上，而盘羊是世界上最大的野生羊属。帕米尔亚属羊，也就是马可·波罗盘羊，是世界上犄角最大的动物，这个纪录至今也未被打破

在土壤和风的侵蚀下，形成了这种独特的高海拔沙丘

莫尼（Ismail Somoni）的山峰（海拔7495米，曾经是苏联最高的山峰），在1932—1962年被称为“斯大林峰”，而在1962—1998年被称为“共产主义峰”。

伊斯梅尔·索莫尼峰是世界上最美的冰川之一——费琴科冰川的家园。费琴科冰川也许是北极地区以外最长的冰川，长度超过70千米。在这里，环境异常荒凉，比世界上其他地区更加难以进入。这里的野生环境从未被触碰过，旅行者攀登探险活动的喧嚣声也从未到达过此处。

今天的帕米尔，大部分地区位于塔吉克斯坦境内的山地巴达赫尚（Gorno-Badakhshan）地区，还有一部分位于中国、阿富汗、巴基斯坦和吉尔吉斯斯坦（一般认为帕米尔的范围及于中国、塔吉克斯坦与阿富汗三国——译者注）。帕米尔的西部地区覆盖着裸露的岩石和陡峭的山脊，以及狭小的峡谷。峡谷中遍布的绿洲足够让人们开垦来维持生计。帕米尔的东部地区是一片被雪山包围的高原荒漠，这里的环境总是很极端：极度寒冷和干燥，猎猎狂风和炎炎烈日终年盘踞这里。即便在这样看似难有生命存活的环境里，居然也生活着许多动物，包括土拨鼠、长着短弯角的北山羊、狼、棕熊和两种象征帕米尔的物种——马可·波罗盘羊和雪豹。马可·波罗盘羊仍保持着全球动物犄角之最，威尼斯旅行家马可·波罗第一次看到它时，形容它为：“这是一种大型羊，其犄角巨大，超过了6个手掌的长度。”雪豹是世界上最神秘的猫科动物，而且非常稀有，它平静地生活在遥远的塔吉克斯坦山脉之中，独自享受着这片鲜有的幽静。

帕米尔地区的两座湖泊，称为卡拉库勒湖（塔吉克语是黑湖的意思）。一座在塔吉克斯坦，另一座在中国。位于中国境内慕士塔格峰的湖泊，湖水如同绿松石一般晶莹透亮，海拔为3600米，在中巴公路附近

狼是一种适应能力极强的动物，即使是这样高的海拔也能很好地生存下去

伊斯梅尔 · 索莫尼峰（7495米）是
塔吉克斯坦最高的山峰

雪豹也许是亚洲中部山脉中最耀眼
的明星

08

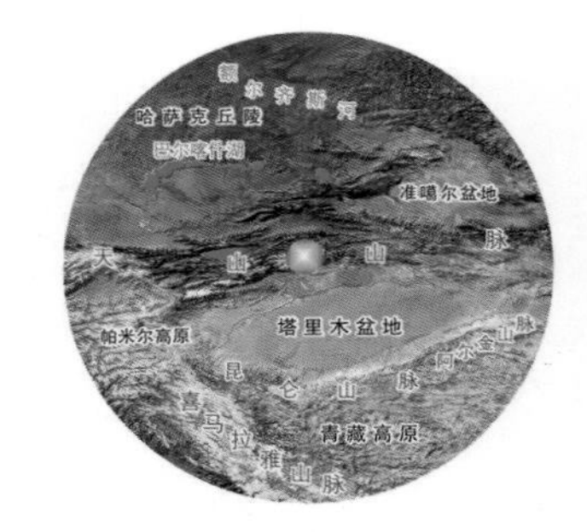

哈萨克斯坦—吉尔吉斯斯坦—中国

The Tien Shan Range
天山山脉

春天，阿克苏-贾巴戈里水库周围的风景使你无法不陶醉：五颜六色的蝴蝶飞舞在杜树和云杉周围，被一大片混杂在一起的婆婆纳、金丝莲和飞燕草深深吸引；白色长颈的褐河乌和鳍鱼避开湍急的流水，沿着河岸游动。这里，乌头和楼斗草展示着它们红紫色和暗蓝色的花冠。在更高一点的地方，郁金香、高原点地梅、蝴蝶花从雪地中和悬崖上突然冒出来，旁边盛开着红艳的报春花。天空中盘旋着秃鹫和兀鹫。远处，海拔4000米高的雪峰正俯瞰着脚下的一切，似乎保卫着中亚最早的保护区——这里已经有80多年的历史了。

上述的美丽风光不过是天山山脉无数美景之一。天山山脉是世界上最长的山脉之一，从东到西，沿着哈萨克斯坦、吉尔吉斯斯坦和中国新疆维吾尔自治区边界绵延了约2500千米。天山山脉被南北两个大沙漠所限，而且与亚洲中部的其他山岳地带如帕米尔山脉或兴都库什山脉均不连贯，单独而立。这里的植物种类非常丰富，使得这里成为一个重要的生物多样性热点地区：这里有记录的植物种类达2500种以上，最有特色的就是雪岭云杉。这种植物是天山山脉上特有的云杉，细高的树干非常坚实，看上去就跟被打磨

天山山脉最高峰位于中国的新疆维吾尔自治区西部

春天哈萨克斯坦境内的天山上，辽阔的平原遍地鲜花怒放，而山峰仍被冰雪覆盖着。植物学家认为这里是亚洲中部最富饶、最青翠的地区

过一般。

在哈萨克斯坦的阿克苏–贾巴戈里保护区内，还有一座阿克苏山谷，这是亚洲最深的山谷之一。这个山谷因拥有独特的植物和动物而成为亚洲最有价值的地方之一。离哈萨克斯坦原首都阿拉木图（哈萨克斯坦已于1998年迁都阿斯塔纳——译者注）不远的阿拉木图湖，清澈透亮的绿松石般的湖水映照着周围海拔超过5000米的高山，成为这里最迷人的风景。湖岸边居住着鹮嘴鹬，这是一种体型较小的鸟，其独特的美使之成为鸟类观察者最为关注的鸟类之一（这种鸟完全没有族群，这是很罕见的），而且非常稀有（只有在亚洲中部山脉的卵石床的激流旁才能繁殖）。

往南走，在吉尔吉斯斯坦和中国接壤的中国境内，坐落着天山山脉最高的山峰——托木尔峰，海拔7439米。它的北面被伊尼尔切克冰川（Inylchek Glacier）所覆盖。这条巨大的冰川长62千米，是北极地区以外最长的冰川之一。位于中国境内的天山山脉最吸引人的旅行景点是天池——天山山脉另外一个最华美的大湖，被针叶林覆盖着的山脉环绕，且距离乌鲁木齐市并不很远。

吉尔吉斯斯坦境内的伊尼尔切克冰川长62千米，宽3千米，冰的厚度为200米，是北极地区以外最长的冰川之一

09

位于俄罗斯境内沙夫拉湖的西伯利亚落叶松林

俄罗斯—哈萨克斯坦—中国—蒙古

The Altai Mountains
阿尔泰山脉

本书中呈现的地方大多被联合国教科文组织授予“世界遗产”的称号。自1972年开始，联合国教科文组织将这个称号授予更多重要的地方——只要是地球上的遗产，无论自然遗产还是文化遗产。联合国教科文组织在这一方面的筛选有着非常严格的标准，他们能够证明名录上每一个地方的独特性和价值的重要性。

1998年，金阿尔泰山（Golden Mountains of Altai，根据不同的语言翻译，还可以拼写为Altay或者Altaj）被授予“世界遗产”的称号。联合国教科文组织评选的众多理由之中这样介绍：“阿尔泰山脉是位于西伯利亚生物保护区西部最重要的一条山脉，这里有两条最著名的河流——鄂毕河和额尔齐斯河。”不仅如此，“这片地区的植物分布，包含了西伯利亚中部所有海拔地带的典型植物类型，包括草原、森林草原和混合林，以及亚高山植物和高山植物。”然而，这几句话还不能完全解释这些山脉耀眼的独特性。

阿尔泰山脉的大部分地区位于俄罗斯境内，还有一部分山脉延伸至哈萨克斯坦、中国和蒙古国。对于其他的亚洲山脉来说，阿尔泰山脉并不怎么出名。这里使人惊奇的并非是山峰的海拔（最高峰别卢哈峰的高度只有4506米），而是这里引人注目的环境和生态

阿尔泰山脉在俄罗斯境内和蒙古国境内的景象。与亚洲中部的其他山岳相比，阿尔泰山脉比较低矮。山脉不断延伸，一直到达中国和哈萨克斯坦两国境内

系统的多样性和原始性。这里的河流和湖泊是世界上最纯净的，比如捷列茨湖（Lake Teletskoye），深325米，容积大约是39立方千米。湖水非常清澈，能见度达水下15米。

泰加森林中的原始针叶树林非常古老，西伯利亚落叶松的枝条落到地面上，其厚度接近1米，组成灌木丛，阻碍人的前进。这里最重要的自然保护区是阿尔泰自然保护区（Altayskiy Zapovednik）。它是超过1400种植物的家园（其中17%都是当地特有的）。同样，这里的野生动物资源也很丰富，包括貂、鹿、许多不同种类的鹰，以及盘羊——世界上体积最大的野生山羊。阿尔泰山脉的东南部分穿过蒙古国，与平坦而景色单调的大草原相遇。此处的阿尔泰山脉针叶林消失，山峰变得贫瘠，一大片干旱的半沙漠地带出现在眼前。落日时分，在无垠的平原上骑马，眼前的山脉呈现出一大片金黄色。这片地区包围着一个盆地，浅浅的高盐度湖——著名的乌布苏湖（Uvs Nuur）就位于这个盆地之中。这片地区的动物也早已适应了这贫水的环境，如跳鼠和沙鼠。2007年，联合国教科文组织将乌布苏湖列入《世界遗产名录》，并强调了它重要的历史性：这片地区的史前岩画非常丰富，还有许多中世纪的墓穴。马可·波罗穿越过这片地区后写道："成吉思汗所有血缘族亲都埋葬在一座名为阿尔泰的山上。不仅如此，鞑靼人的首领离世后，即使离这条山脉需要一百天的路程，也还是必须送到此山上举行葬礼。"

阿尔泰山脉具有从干旱草原到高山牧场的多种景观

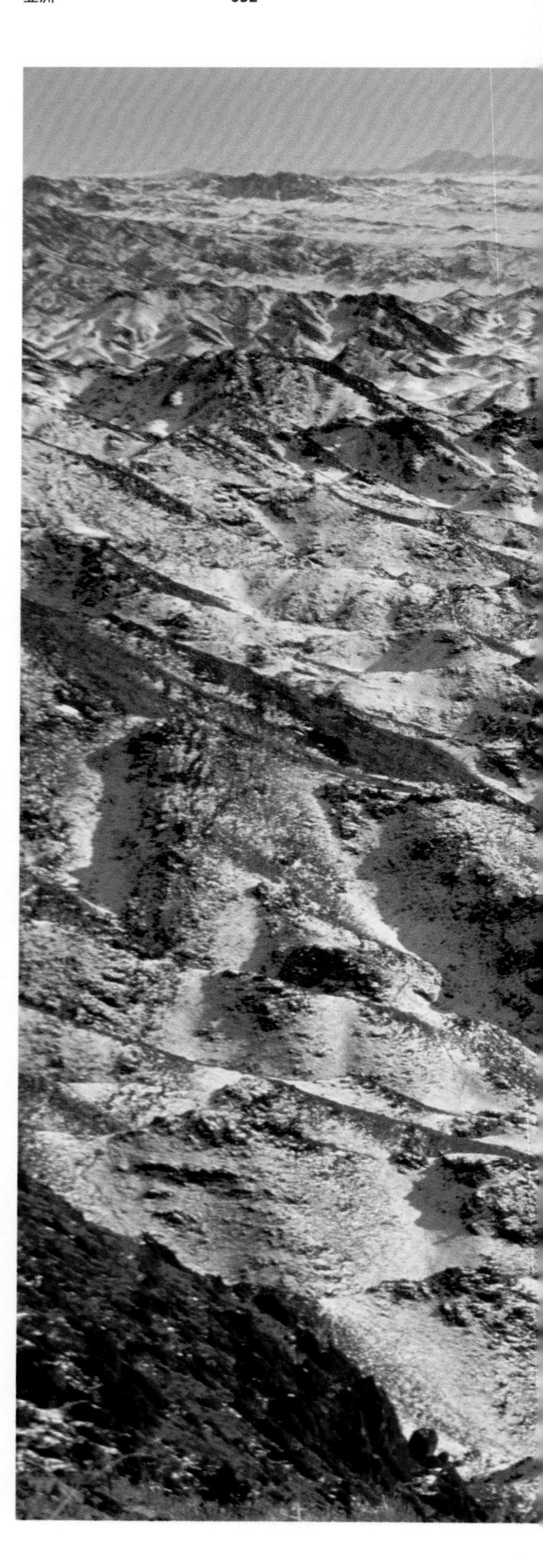

阿尔泰山的冬天。这片地区属于大陆气候，夏天炎热多雨，而冬天非常寒冷（这里的风比周围地区要少很多，但是山脉更加崎岖不平），只有在高海拔地区才降大雪

俄罗斯境内位于阿亚湖与凯顿湖沿岸的泰加森林。每到秋天来临，森林的色彩就变得异常鲜艳：桦树和西伯利亚落叶松为黄色；西伯利亚冷杉为深绿色，而其他的宽叶林则是一片动人的红色

10

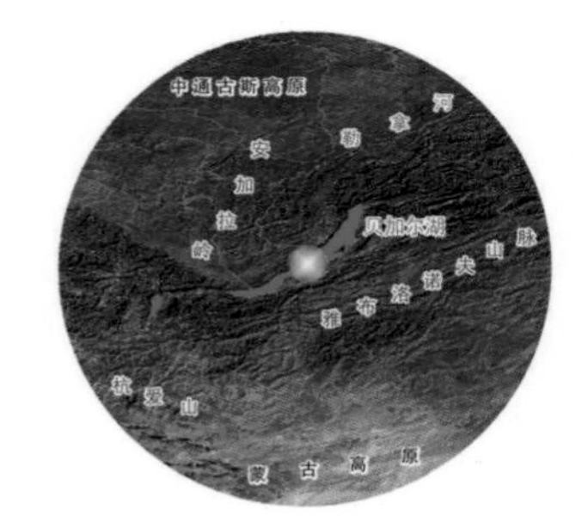

俄罗斯

Lake Baikal
贝加尔湖

这里就是亚洲最棒的自然奇景之一。贝加尔湖（Lake Baikal）的大小毫无疑问能给人留下深刻印象，仅仅被称为“湖”，实在是有些荒谬。贝加尔湖长约636千米，几乎等于亚得里亚海的长度。湖深1630米，容积大约有23 600立方千米，比北美五大湖的所有湖水加起来还要多，这些统计数据就像是测量一座大海所得来的。据估计，全世界淡水资源的20%是在这里，这个巨大的深渊早在8000万年前就形成了，而直到5500万年之后，深渊周围的沿岸山脉抬高到3000米时，这里才充满了湖水。贝加尔湖是世界上最古老的湖泊，也是最深、最大的湖泊（有人曾经这样计算过，让全世界所有的河流汇集在一起，也需要整整一年时间才能积攒到相当于贝加尔湖的容量）。布里亚特（布里亚特族是蒙古人的一支，生活在湖岸周围）语中，“贝加尔”的意思就是“大海”，这一点，丝毫不会让人感到惊讶。在俄罗斯（贝加尔湖位于西伯利亚的南部，离蒙古国边境不远），人们每当需要恳求神灵，就会称呼贝加尔湖为“圣人”或者“主人”。尽管如此，这些都还不是贝加尔湖所有的世界纪录。贝加尔湖的湖水是世界上最纯净的，比世界上其他任何一个湖泊的湖水都

贝加尔湖的湖水是世界上最清澈的。阳光可以一直照射到湖底1500米的深度，而能见度则为40米

贝加尔湖水鸭是一种羽毛华丽的鸭子，它们在湖泊湿地中筑巢

贝加尔湖被泰加森林环绕着。这种森林是北半球高海拔地区典型的生物群落，由广袤的针叶林组成

贝加尔湖东部沿岸的景色。在布里亚特，贝加尔湖东部的部分区域由1986年建立的后贝加尔国家公园保护起来

要纯净100倍以上。

湖水每升的矿物盐含量不到100毫克，而每立方米的氧气含量达到0.83克，简直如同蒸馏水一般。这里的生物多样性也是非常丰富的。湖泊和湖的沿岸，生长着超过1000种的植物，有记录的动物种类已有1500种，其中特有的物种是任何其他封闭的盆地所不能比拟的。有些人形容这里物种的丰富奇特无比，相当于亚洲的加拉帕戈斯群岛（即科隆群岛，属于南美洲厄瓜多尔，物种丰富奇特，达尔文环球考察时给予高度评价——译者注）。在这里，有60%的动物种类是当地特有的，尤其是无脊椎类动物和鱼类。比如胎生贝湖鱼，这是一种没有鱼鳞、全身透明的鱼，生活在湖面500米以下，以湖面上的浮游生物为食，每当黎明时分回到水下。这种鱼不能生活在水温超过7℃的湖水中。这里还生活着一种非常独特、仅在此处才能看到的贝加尔湖海豹。这是一种非常稀有的能适应淡水的鳍足类动物，其数目有75 000头。在这里，甚至湖岸对动植物都非常重要：针叶林和桦树林周围是灌木丛和沼泽，这里是猞猁、棕熊、狼獾、麋鹿和好几种啮齿类动物，包括西伯利亚飞鼠等的家园。在珍贵的生态系统周围，建立了好几个保护区，包括最大的贝加尔斯克（Baikalsk）保护区和巴尔古津（Barguzin）河保护区。后者建立于1916年，是为了保护大量以皮毛著称的黑貂而建的。

贝加尔湖的冬天相对而言比较严酷。即便是大量的湖水，也不能减缓湖泊周围严寒的程度。1~5月，湖面被厚厚的冰层覆盖，这片地区最强烈的沙玛大风终日扫荡着湖面

11

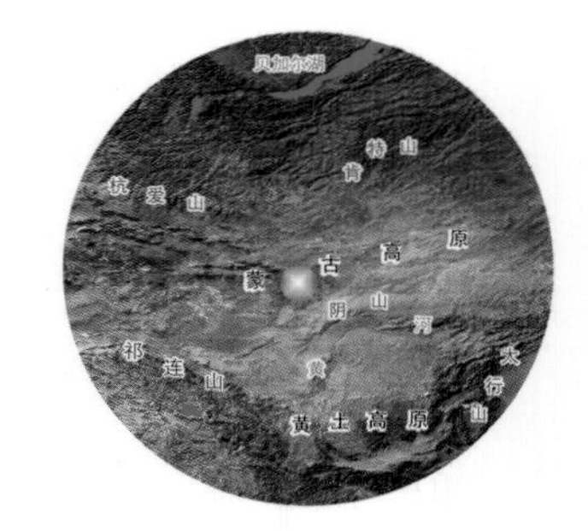

蒙古—中国

The Gobi Desert
戈壁荒漠

作为一本介绍亚洲自然奇景的图书，怎么能不提及亚洲最大、世界第四大的沙漠呢？戈壁荒漠从蒙古南部一直延伸到中国北部，在地理书籍中，常常被形容成寒冷地区漫无边际的沙荒。

这片地区实际上很复杂。这片荒漠的极限温度，冬天可跌至-20℃甚至-30℃，而夏天最热的时候，温度最高可以升至40℃以上。沙丘间夹杂着一些破碎的山丘，到处堆积的石块不断经受狂风的侵蚀，还有广袤的无树荒原，盐湖在残酷的烈日下不断地蒸发着。这种多变复杂的环境，令人备感凄美而荒凉，而且很明显这里一点也不好客，外人很难进入或穿越。

可是，这里还有另外一个令人惊叹的事实：生活在这里的动物通过不断进化，伪装能力极强，有一些甚至是这个大陆上适应能力最强的动物，而且从未被发现。1870—1885年，俄国地理学者及探险家普尔热瓦尔斯基（Nikolaj Przewalski）四次进入戈壁荒漠探寻，发现并统计了亚洲最后的野生双峰骆驼和世界上最后的野马——蒙古野马（又称普氏野马，以普尔热瓦尔斯基的姓氏命名）。

他将这则消息向西方世界宣布开来。今天，珍

戈壁荒漠的面积为130万平方千米，位于中国和蒙古之间，是世界上最北的荒漠。尽管在蒙古语中，戈壁荒漠意味着“没有水的地方”，实际上，地下泉水不断从岩石和沙丘中冒出，而此处也有很多盐湖

巴丹吉林沙漠位于中国境内，是世界上最大的沙丘之一，海拔350米（实际最高达420米——译者注）

稀的野生双峰骆驼的数量在全球仅有950头。过去的几十年内，它们的数量急剧减少，如果它们的数量仍然按照这个趋势发展，那就意味着想要保护这个物种远离灭绝是一件极为困难的事情。这里的蒙古野马在1969年完全灭绝。尽管如此，在戈壁荒漠，一项重新引进物种的计划正在实施，目的是为了让蒙古野马重新回到它们的原居地（20世纪70年代蒙古野马在中国新疆被发现）。

蒙古其他的保护区，戈壁古尔班赛汗国家公园（Gobi Gurvansaikhan National Park，“古尔班赛汗”意思为“三美人”）非常值得一提。由于几百万年前的一次大规模的泥石流，在这个公园内和附近地区的地下深处，保留了这个世界上最完整的恐龙骨化石，最特别的还有恐龙蛋化石。完整的特暴龙骨架、原角龙小兽，还有正在争斗的一只蒙古迅猛龙和一只原角龙都是这里发现的最独特的标本。这些恐龙化石对于学习和了解这些不可思议的爬行动物有着重要的参考价值。

尽管戈壁荒漠大部分是由大片岩石地面和山地组成，但是少量独特的沙漠地区仍然是闻名遐迩的风景。一些沙丘，如中国境内的巴丹吉林沙漠和蒙古戈壁古尔班赛汗国家公园内的洪高林沙丘，都非常的雄伟而奇壮

野生双峰骆驼现在几乎绝迹。2004年的统计数据显示，蒙古国大约有350只，中国大约有600只，大部分都生活在戈壁荒漠的4个地区中

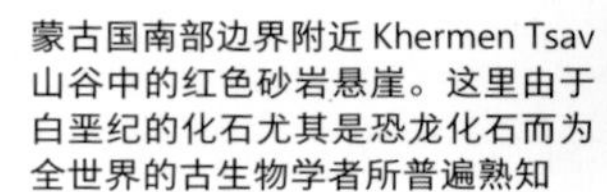

蒙古国南部边界附近 Khermen Tsav山谷中的红色砂岩悬崖。这里由于白垩纪的化石尤其是恐龙化石而为全世界的古生物学者所普遍熟知

冰雪覆盖着沙丘，这种景象非常少见，在地球上其他沙漠中几乎看不到

12

俄罗斯

The Taymyr Peninsula
泰梅尔半岛

泰梅尔半岛一年之中有10个月的时间都处于寒冬之中。暴风雪扫荡着苔原地带，湖面上和海洋上被冰雪覆盖着。这片相当于意大利国土面积1.5倍的地区平均温度为-40℃，零零散散地居住着数千名猎人、渔夫和养鹿人。在这片地区上存在的生命是如此坚强。这里就是西伯利亚和北冰洋相交的地方，在这里，针叶林逐渐消失，将地盘让给了苔藓和地衣植物。每年的8月至次年5月，这里的黑夜似乎从来没有间断过。直到6月中旬，一个仅为60天的非同寻常的周期开始了，生命迅速开始暴发：冰雪融化，河流和溪水又开始流动，发芽的植物迅速布满沼泽地和池塘，而昆虫则在此时产下数以百万计的卵。

由昆虫组成的云海吸引着旅行者——许多从遥远的非洲、温和的亚洲和欧洲迁徙来到此处的鸟类。它们来泰梅尔半岛繁殖后代，常常飞行几千千米的距离到达这个日不落的地方进行短暂停留。这里食物充足，它们可以安全地养育下一代——这里的肉食动物非常少，相对于其他地方而言这里相当安全，但是留给鹅、天鹅、浅鸟、燕鸥、塍鹬、鹬、小嘴鸻以及其他鸟类的时间很短。

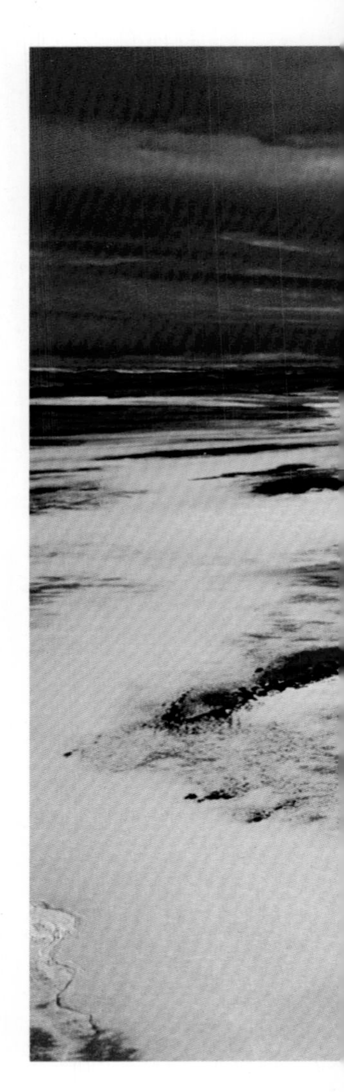

白鲸生活在泰梅尔半岛附近的海域中

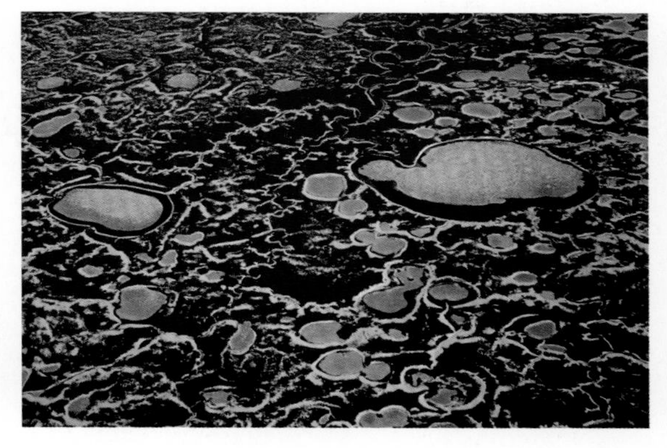

西伯利亚泰梅尔半岛的苔原地带一直延伸到北冰洋，而且常常会被冻得非常坚硬。这是地球大陆的最北端

在这有限的时间内，鸟儿们要交配、孵化鸟蛋、养育下一代、教会幼鸟飞翔的技能，紧接着，马上飞回温暖的地区。但是即使是这么短的时间，泰梅尔仍然是鸟类的天堂，整个7月，在布满苔藓的冻原上，散布着成百上千个鸟巢。

在这一大片神奇的地方建立了俄罗斯最大的自然保护区。俄罗斯自然保护区的保护政策相当严格。这里的保护区是俄罗斯最重要的几个保护区之一——大北极国家自然保护区（Great Arctic State Nature Reserve），占地面积约为400万公顷，在欧洲，这么大的公园几乎看不到。这里主要保护着两个地区：苔原地区——鸟类在这里筑巢，驯鹿和狐狸也生活在这里；环绕着半岛的海洋地区——这里生活着两种海豹、海象和白鲸（当然是最著名的白鲸），还有一群北极熊（北极熊常被认为是生活在加拿大和北极地区，但是在西伯利亚的整个北部沿海也生活着大量北极熊）。1993年，由于世界自然基金会（WWF）和德国北部石勒苏益格-荷尔斯泰因（Schleswig-Holstein）州的北海浅滩国家公园（Wattenmeer National Park）的介入，这个保护区才得以成立。在泰梅尔度过短暂的夏天的鸟类和鹅，会在寒冷的冬天迁徙至温暖的德国北海浅滩国家公园内。因为这个原因，两个公园得以紧密地联系在一起。现在，两个国家公园之中最早建立的富裕而管理完善的北海浅滩国家公园正通过自己丰富的管理经验帮助这个后来建立的贫寒的“小兄弟”。

泰梅尔半岛上的海象。1956年以后，海象作为保护动物被保护起来。但是它们仍然遭到猎杀，象牙和肉仍在黑市上出售

尽管北极熊常常和北极地区联系在一起，但是西伯利亚地区仍然有它们的身影出现。这种动物由于全球气温的不断升高而面临着非常严峻的威胁，冰雪不断减少对于北极熊捕猎和生活都造成了极大的伤害。科学家们预测，在下一个50年，北极熊的数量将减少30%

13

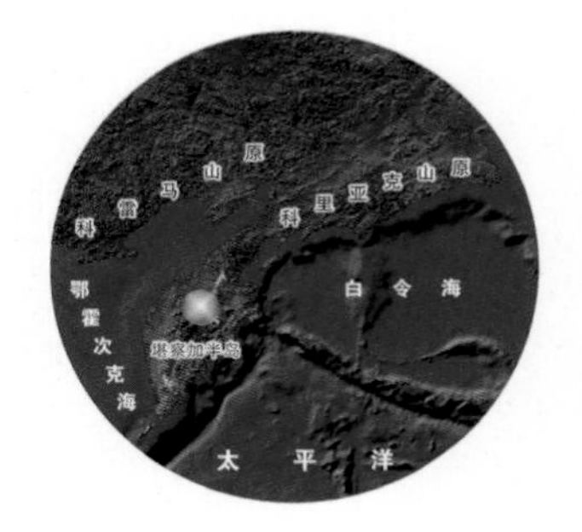

俄罗斯

Kamchatka
堪察加半岛

世界上的第一座国家公园——著名的美国黄石公园广为人知，而克罗诺茨基国家自然保护区（Kronotzky Park）却鲜为人知。尽管处于不同大陆之上，两座保护区却惊人地相似。

黄石公园位于美国落基山脉的群山之间，克罗诺茨基国家自然保护区位于西伯利亚靠近太平洋海岸；它们的面积都非常广袤：黄石公园占地面积为90万公顷，克罗诺茨基保护区占地面积为100万公顷；它们都是在19世纪被开辟——黄石公园为1872年，克罗诺茨基保护区为1882年（有人认为它曾由沙皇统治，但是没有任何记录能够证明）。

它们都是世界上最早的自然保护区，自然特征甚至动物种类都很相似。举一个例子，这两个地方都居住着棕熊——怀俄明州的灰熊非常有名，而在西伯利亚则生活着科迪亚克棕熊的亚种。两座公园还都有间歇泉和其他至今仍活跃着的火山：黄石公园的老忠实泉（Old Faithful）是全球最知名、力量最强大的间歇泉；克罗诺茨基保护区内的韦利坎泉（Velikan）每隔30秒钟喷发一次，向外喷射的水柱高40米。

但两个地方也有所不同：黄石公园每年的游客达到几百万人次，其财政和管理相当稳定；克罗诺茨基保

科里亚斯基火山（3456米）是堪察加第二高的火山。最高的火山是克柳切夫火山（4750米），它也是北半球最大的火山

卡里姆斯基火山（1536米）是堪察加半岛最活跃的火山。庞大的堪察加半岛位于俄罗斯境内，紧靠太平洋，是世界上比较活跃的火山地区之一

一大群海鸥在冰海上休息

护区每年的游客仅可以百人次计，只有极少的运转资金，而且因为面积广阔，护林人员相当缺乏。

克罗诺茨基国家自然保护区的所在地——原始的堪察加半岛与世隔绝。这里的环境气候独特，风景秀美，野生动物资源丰富。堪察加半岛位于鄂霍次克（Okhotsk）海与白令海之间，被千岛寒流（Oyashio Current）冲刷着，小段山脉的山脊令这片地区看起来充满褶皱。这里的环境异常荒凉，大自然的野性在这里被完全保留下来。这里是地球上地质最不稳定的地区之一，有30座活跃的火山仍在喷发中，而强烈的地震也常常发生。这里其他的自然灾害还包括台风、海啸、大规模的降雪和山崩。

克罗诺茨基国家自然保护区最近的一次大雪崩发生在2007年6月，泥土混杂的雪块从山上滑落，埋葬了一条壮美的间歇泉谷地。这里曾有40多座间歇泉，是一片广阔无垠、难以穿越的地区，并且人口稀少（堪察加半岛的面积相当于意大利国土面积的1.5倍，居民数量仅为40万），大自然才是这里真正的主人。

这里的桦树林和杨树林一望无际，湖泊和沼泽附近驻扎着几千个鸟巢，江河和溪流的流水迅急，在苔原上生长着越橘和熊果。

值得一提的是生活在这里的棕熊。这里拥有的棕熊数量为10 000～15 000只。堪察加半岛上最具有象征意义的动物是虎头海雕。这种体型庞大的鸟类的展翼长度可达2.5米，只生活在俄罗斯靠近太平洋的沿岸上。虎头海雕最喜爱的食物就是鲑鱼。有6种不同的鲑鱼每年从海洋深处来到半岛的河流和湖泊中产卵。

这里的海洋动物相当有特色，海豹、海狮、鲨鱼、逆戟鲸和船獭成群地聚集于此，原因是这片海域中的鱼群数量极为丰富，尤其是在鄂霍次克海。对这些海洋动物而言，这里是一片理想的繁殖海域。

在堪察加半岛上，这里是最重要的保护区，其气候特征和生物多样性在地球上都是非常独特的。克罗诺茨基火山（2736米）傲立于此，是一个完美的圆锥形

北极地松鼠必须要适应这里寒冷严酷的冰原气候

堪察加半岛上的科迪亚克棕熊与北美洲的灰熊十分相似。它们在桦树上画出痕迹，用来标记自己的领土

克罗诺茨基国家自然保护区的面积是2000平方千米，这里到处都是河流

堪察加半岛是世界上少有的火山非常活跃的地区，遍布着间歇泉、喷气孔、炽热的黏土和其他地热现象。位于克罗诺茨基国家自然保护区中的庞大间歇泉峡谷，2007年被发生的雪崩所掩埋。所幸的是，这里最大的间歇泉没有遭到破坏

在玛里森米阿切火山乌宗火山口，浆果树枝上的红色叶子与闪闪发光的蓝色温泉水相互映衬

一只黑熊在喝水前，先要用爪子测
量一下温度

乌宗（Vzon）大火山口，一派秋季苔原的绚丽色彩。这个火山口直径约10 000米，是由古代的奥莫尼莫火山下陷而形成的

14

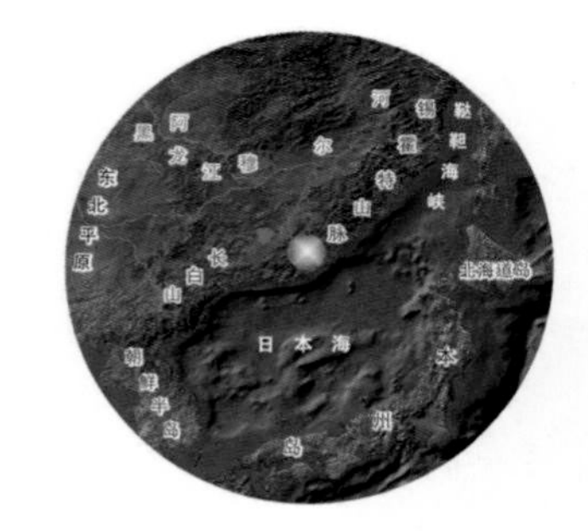

俄罗斯

The Primorje Region
滨海边疆区

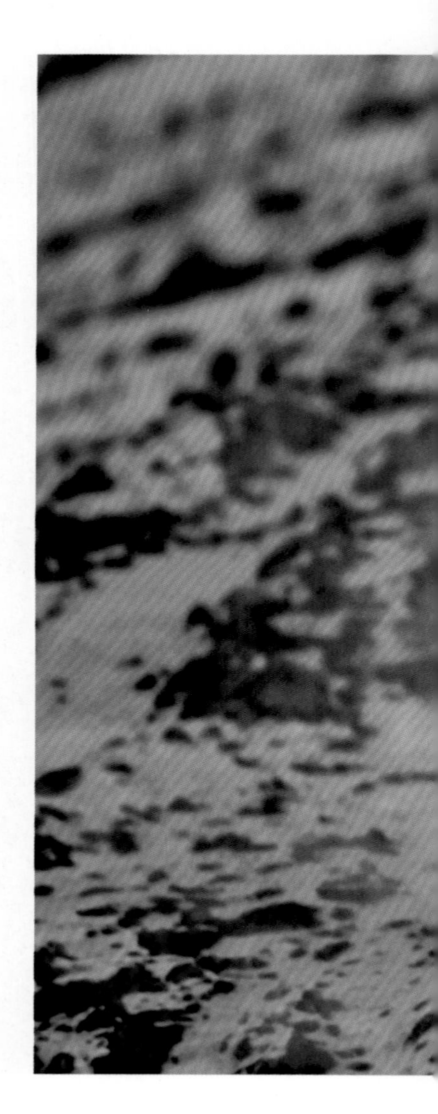

欧洲人对俄罗斯的“远东地区”了解甚少，唯一知名的地方就是符拉迪沃斯托克（Vladivostok），也许是因为那是著名的西伯利亚铁路的尽头。

符拉迪沃斯托克位于滨海边疆区（Primorsky Krai）内，对于西方人来说，这些地名都是闻所未闻的。该地区与中国、朝鲜和日本海毗邻，面积大约是意大利国土面积的一半，人口数量不超过200万。有时，西方人将这里称为“乌苏里兰”（Ussuriland），因为这里最重要的大河——乌苏里（Ussuri）江从这里一直奔流向北，汇入黑龙江（实际上西方世界对于这条河也知之甚少，尽管它在世界最长河流中排名第九，是中俄边界重要的组成部分）。

这片地区的生态环境很独特：只有在这里才能看到西伯利亚针叶林和热带气候植物混杂生长的景象。这种不寻常的混合是由滨海边疆区不寻常的气候造成的，夏天的季风雨（来自太平洋）和冬天的暴风雪（来自于西伯利亚）都独具特色。就生态多样性举例而言：稠密地覆盖着厚厚落叶的常绿林地分布在高原、山谷和山脉之上，最高处海拔不过2000米，那里生活着棕熊和鹿（这是北方森林中特有的哺乳动物），同时，还有豹和亚洲熊，它们是生活在最北端的一类动物。

锡霍特山脉位于俄罗斯的滨海边疆区内，与太平洋毗邻。山脉的大部分海拔在2000米以下，整个山脉所在的保护区面积大约是4000平方千米

东北虎是这片土地的明星，这里已经是东北虎活动范围的最北方

东北虎在雪地中搏斗。这种虎极度适应俄罗斯冬天寒冷的气候，皮毛非常厚，是世界上体型最大的虎，同时，也是数量最少的。目前野生的东北虎大约只有500头，分布在中国北部和俄罗斯的滨海边疆区及哈巴罗夫斯克边疆区

除熊和豹之外，这里发现的最特别的动物，毫无疑问就是虎。在覆盖着冰雪的冷杉林和山毛榉林中看到虎会非常奇异，因为虎常常和丛林联系在一起。但是虎是一种具有广泛适应能力的动物，若不是因为人类，它们所拥有的领土面积将会十分宽广，可能包括突厥斯坦山脉和阿富汗的荒漠地区。

生活在滨海边疆区的虎是一种亚洲虎——东北虎，被当地人称为西伯利亚虎，是世界上体型最大的虎，甚至比孟加拉虎的体型都要大。东北虎的一系列进化非常有特点：厚密的长鬃毛和更厚地包裹着全身的虎皮，借以度过寒冷的冬天；硕大的长着厚垫的爪子可以在雪地上自由行走，甚至连皮毛的颜色都有变异，少了许多橘色，多了很多金色，这样是为了更好地在树林中隐藏自己。

现今，野生东北虎的处境非常危险，也许某天就会在野外消失。事实上，所有的虎的种类当中，东北虎是最濒危的，特别是野生东北虎，大约只剩下500只，它们生活在滨海边疆区、哈巴罗夫斯克边疆区（Khabarovsky Krai）和中国东北部（非常少）。其中，最大一支东北虎生活在条件比较好的锡霍特山脉（Sikhote-Alin）保护区内，保护区的面积为4000平方千米，是一片原始的针叶林，还未遭到人类的碰触。从20世纪后期开始，在几十年的时间内，人们通过各种保护的手段使得这一支东北虎的数量得以恢复。但是苏联解体后，这里成为开放的中俄边界，偷猎者的偷袭可以不受阻止，东北虎骨头和毛皮在市场上又可以卖到很高的价格，所以，生活在锡霍特山脉的老虎数量急剧减少。最近几年，新的保护区建立了起来，边防管理变得更加严格。

所有这一切，都是希望能够促进并改善东北虎的生存现状。对于这种彪悍的大猫来说，未来仍然有希望。

15

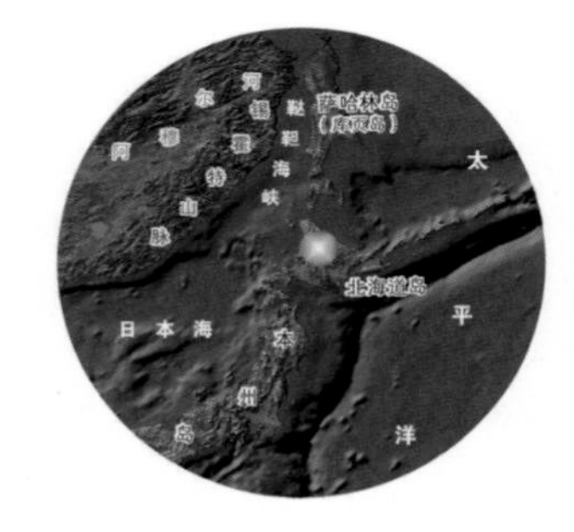

日本

Hokkaido Island
北海道岛

北海道（Hokkaido）岛，对于西方国家来说还是一个陌生的地方。一些体育迷们也许还能回忆起1972年在日本的札幌（Sapporo）举行的冬季奥林匹克运动会，但只有极少的人能够说出关于这个日本最北部的岛屿上的一些其他的故事。

北海道岛的面积大约是意大利西西里岛的三倍多，人口约有600万。这里是日本阿伊努（Ainu）族的家乡。阿伊努族的语言、习俗以及文化与日本的大和民族差异甚远，其族源还模糊不清。岛上覆盖着鱼鳞云杉林，这种杉树几乎成了这座岛的代言，是这座岛的“岛树”。岛上大约分布着40多座火山，其中至少有5座是活火山。冬天时，来自北冰洋的冰山漂浮在海岛的周围，此时的海面覆盖着厚厚的冰层，不时地发出噼里啪啦的碎冰声，整个岛屿被厚厚的大雪覆盖着，构成一个童话般雪白的世界（这里每年都有冰雕节）。

北海道岛对于大多数日本人来说，等于是他们的“荒凉的西部地区”（这里是对比美国当初开发西部而言——译者注），整个岛上的人口密度远远低于任何一个日本南部大城市的平均水平。在这里，遍布着沼泽、山脉、山谷、森林、湖泊，以及著名的温

支笏湖位于支笏的洞爷国立公园内。湖泊的背后是樽前山。这座湖泊位于古火山口上

知床半岛国立公园和阿寒国立公园是北海道岛上6座国家公园中的两座。北海道是日本最北部的岛屿，因其冬天寒冷而多雪的气候和突然的霜冻而闻名

大部分的海狮生活在岛屿沿岸的知床半岛国立公园中

野天鹅是北海道冬天常见的鸟类之一。它们在北海道过冬，而其他时间则飞回西伯利亚严酷的自然环境中繁殖后代。在阿寒国立公园中的鸟类数量很多，大部分都生活在公园的温泉附近

泉；在这里，一共有6座国家公园。

利尻礼文佐更别国立公园（Rishiri-Rebun-Sarobetsu）因北美杜鹃、鸢尾花和百合花而著称，每到春末时节，满山遍野鲜花怒放；而阿寒国立公园（Akan）则是以著名的火山湖泊和硫黄喷气孔而闻名；知床半岛国立公园（Shiretoko，知床在阿伊努语中的意思是“世界的尽头”）是日本最危险也是最偏僻的国家公园，位于北海道岛的东北角上。

北海狮在这个被鄂霍次克海包围的遥远的半岛上过着安详而平静的生活，同样在这里安家的，还有10种不同种类的鲑鱼、毛腿渔鸮以及好几种鲸鱼，它们都是最能给人们留下深刻印象的动物。由于这里过于偏僻，使其成为日本棕熊的家，数量相当可观。在这里，每15平方千米就有一只棕熊，尽管面积不大（与日本拥挤的内陆地区相比），却能够为动物们提供足够的猎物以保证它们的健康生活。

北海道岛对于自然学者来说是一个不可多得的好地方。当然，还有其他更多的原因，使北海道岛如此独特而美丽。在离钏路（Kushiro）市不远的地方有几个沼泽地，在冬天虽然被封冻住了，却能看到漂亮的丹顶鹤上演难以描述的“求偶舞蹈”。雄性丹顶鹤不断在雌鸟面前上上下下跳跃着，而雌鸟则是拍着翅膀绕圈儿，然后它们相互交换动作继续舞蹈。紧接着，在一系列礼貌的鞠躬之后，它们会仰天长歌，用喇叭一般的独特的高嗓门大叫着“咕—哩嗷”、“咕—哩嗷”、“咕—哩嗷”，这叫声在3000米以外的地方都能听得到。丹顶鹤深受日本人民喜爱，被称为“Tancho”，象征着幸福与长寿，常常出现在瓷器和镜子上，或被刺绣在和服上，也是手工折纸上的基础花纹。日本只有大约800只丹顶鹤（占世界上丹顶鹤的1/3，其他的丹顶鹤生活在俄罗斯、中国和朝鲜）生活在北海道。不管怎样，这个数量与20世纪30年代相比已经是一个很大的进步了，当时这个岛上的丹顶鹤数量真的是屈指可数，少得可怜。

北海鹰是堪察加半岛和朝鲜半岛的
太平洋沿岸常见的一种鸟类

丹顶鹤正在示爱。丹顶鹤一生只有一个伴侣，但是每一年，它们都要以舞蹈的形式向对方表达爱意，舞蹈包括飞翔、跳跃以及鞠躬。对于日本人来说，丹顶鹤象征着好运和长寿

丹顶鹤展翼长2.5米，是一种对伴侣极其忠诚的鸟儿，生活在北海道岛的东部钏路市附近的冻原地区

在京极町的吹石，春天的室外平均温度大约是10℃

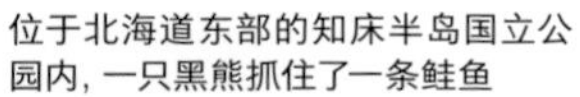

位于北海道东部的知床半岛国立公园内，一只黑熊抓住了一条鲑鱼

北海道的阔叶森林中遍布着各种丰富的地面植物，这些美丽的花是紫堇和日本猪牙

春天的泷上国立公园内，遍地开放着丛生福禄考，这种花在1957年被引种到这里

位于北海道中部的大雪山国立公园内，秋天的景色是如此迷人。大雪山国立公园的面积2270平方千米，是日本最大的保护区。森林中有桦树、榆树、橡树、枫树和赤杨等树木，每到9月，这些树木组成一片绚烂迷人的景致

16

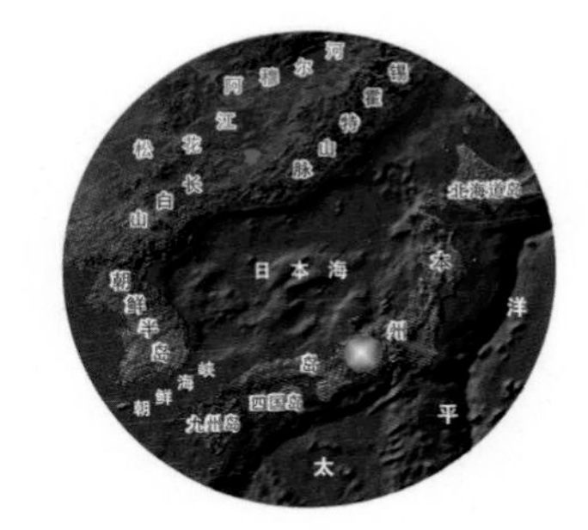

日本

Fuji-Hakone-Izu National Parks
富士箱根伊豆国立公园

“甲斐（Kai）和波浪滔滔的骏河（Suruga）之间，富士山巍然屹立。那里，天上的云彩没有勇气飘过山尖，而鸟儿也无法飞越高峰之巅。冰雪熄灭了燃烧的火焰，而火焰则融化了飘落的冰雪。美景使语言显得苍白，它无法言喻，它是神灵的秘密。”这是公元7世纪日本诗人高桥虫麻吕的诗句。这段诗句帮助我们理解了富士山在日本人心中的重要性。

富士山是日本的最高峰，海拔3776米，是日本最神圣、最受日本国民崇敬的山峰，同时也是朝圣者瞻仰最多的山峰。

富士山的形态异常完美！其简洁的对称，在东京的西南地区拔地而起，展露了其年轻火山岩特质（富士山的年纪只有1万年，无法和世界上其他古老的山相提并论）。

其优雅的轮廓似乎要告诉我们，富士山究竟有怎样的魅力，自日本史前时代开始就如此吸引着日本人。富士山完美地展现了日本美学的定义。这是一座极具格调的山峰，无论是哪个季节，从哪个方向，在任何光线下看去都是如此美丽。甚至在它

富士山格外对称的轮廓，成为一种完美的象征。几个世纪以来，受到日本人的赞美和尊崇。现在每年都有成千上万的游客，仿佛朝圣一样攀登富士山。很多人甚至仅仅一睹河口湖中富士山的倒影便心满意足了

不露面的时候（这种情况常常发生），厚厚的云彩遮掩住山峰时的景象也很漂亮。从日本审美精神而言，略加掩饰的美往往比完全暴露出来更具魅力。

公元17世纪，日本诗人松尾芭蕉曾写下过这样的俳句："每天都很美丽/当/富士山被阴雨笼罩"。

哲学和宗教使富士山成为一位神祇：当日本人望着富士山，他们看到了伊势神灵加美，或是影响力超凡的佛陀。富士山将天地联结为一，将人类和神灵密切相系。富士山是雌雄的共体，它的和谐显而易见。

每年的7～8月，有超过18万人攀登富士山，每次攀登需要花费的时间为4小时35分钟（日本人以讲求精确著称）。每年有超过400万人来这里欣赏富士山的风光。有一个最值得一去、可以更好地瞻仰富士山雪顶的地方，就是富士五湖（Fuji Go-ko），那是沿着富士山北面散落开来的五座湖泊。尤其是在秋天，当红叶，也就是枫树的叶子变成红色和黄色的时候，风景更加怡人。

在箱根（Hakone）地区的南面，温泉从地下冒出，到处是樱桃树，还有种满各种植物的花园和小巧的湖泊。这里也是一处欣赏富士山的好地方。每逢周末，数千名日本人涌入此处度假。

富士五湖和箱根地区都位于富士箱根伊豆国立公园内。公园建立于1936年，毫无疑问，是日本访问人数最多的公园。这座公园内有无数美景，包括大伊豆海洋公园，它保护着海洋的多样性生物，可以与热带地区媲美，当然，这要感谢温暖的黑潮（北太平洋副热带总环流中的西部边界流，即日本暖流）的作用。黑潮从南部来，带着赤道地区温暖的海水到达日本。蝴蝶鱼和天使鱼的种类虽然不多，但在柳珊瑚和八射珊瑚中却很常见。再往海洋深处还能看到巨大的使人敬畏的巨螯蟹，这是日本特有的品种。巨螯蟹展开腿，其长度能有3～4米，是世界上最大的甲壳纲动物。

17

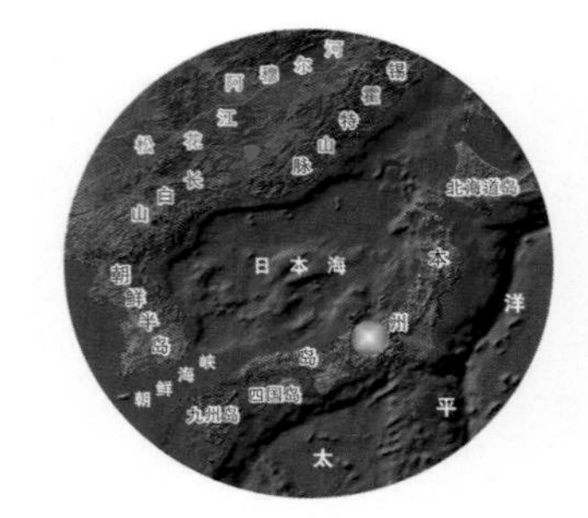

日本

Joshinetsu Kogen National Park
上信越高原国家公园

在众多灵长类动物中，短尾猕猴是最引人注目的。它们早在500万～600万年前就离开了非洲大陆，逐渐地分散开来。与其他灵长类动物（当然除人类以外）相比，它们的活动地域更加广阔。它们多样的栖息地非常引人关注。举一个例子，有的猕猴生活在地中海气候中（如直布罗陀巴巴里猕猴），有一些猕猴生活在东南亚的热带雨林中，还有一些猕猴生活在喜马拉雅山脉脚下。日本猕猴则生活在日本的山中。世界上没有哪一种灵长类动物可以生活在如此靠北的地方，而且还需要应付这里如此季节分明的气候。

在上信越高原国家公园内，栖居着一群日本猕猴。上信越高原国家公园靠近长野（1998年的冬季奥运会就是在此举行的），交通非常便利。事实上，每年这里冬天冰雪覆盖4个月之久，动物学家惊讶于这些灵长类动物忍受漫长寒冷的冬季的方法。日本猕猴与其他生活在山地地区的动物们有一些相似的行为，比如很少运动，或者压根就懒得动。在寒冷的季节里，它们总是紧紧地一个挨着一个，要

位于本州岛中心的上信越高原国家公园内保护着大山和森林，森林中有桦树、冷杉树和橡树，当然，还有这个岛上最有名的日本猕猴。它们坐在温泉中，只露出头和肩膀。志贺高原的冬天天气寒冷，只有通过泡温泉才能保持温暖。对于灵长目动物来说，这种习惯非常独特

么就蜷起来保持体温，然后在夏天代谢掉多余的脂肪。

它们的行为被大量地跟踪记录并研究，人们惊讶地发现这个种群的确非常特别。这些猕猴在冬天大部分的时间里都泡在温泉池中（水温40℃以上），这些温泉是火山形成的。公园内分布着很多温泉池，尤其是在志贺高原。当室外的温度低于零度（最冷的2月，气温到-20℃），幼年猕猴和成年猕猴，甚至还有的背着婴儿猕猴，连续几个小时都泡在温泉中。这种行为的确极不寻常，也许是因为灵长类动物具有极强的能动性，而且它们有能力与同伴们沟通，将自己的亲身经历相互分享。地狱谷温泉（Jigokudani-Onsen）的海拔为850米，是猕猴最爱光顾的地方。它们只需要从森林中向外走2000米就能到达。

在日本，还有一种猕猴深受研究人员的推崇。那就是生活在小岛（Koshima）沿岸的猕猴，距离九州海岸不远。1953年，灵长目动物爱好者三户水户（Satsue Mito）看到一只名叫摩亚的母猕猴在海岸收集了一些甘薯，并在溪流中将上面的泥土和沙子洗净。这种行为对于猕猴来说相当先进且难得一见。紧接着，这种聪明的做法在整个猴群中流传。这是人类第一次亲眼目睹：个体的动物认知到一件新技能或新事物，而又把其传播到它的群落中。

无论雄性还是雌性日本猕猴，或长或幼，一个家庭中所有的成员都泡在温泉中，一泡就是好几个小时。日本猕猴的家庭成员从15至40只不等，没有人能够知道，这些猕猴是怎样知道温泉能够帮它们度过寒冬的，也许它们的祖先已经将这种习性一代代传了下去

18

中国—巴基斯坦—印度

The Karakorum Mountain Range
喀喇昆仑山脉

对大多数人而言，世界上最高的山脉是喜马拉雅山脉。尽管这是事实（珠穆朗玛峰位于中国和尼泊尔交界的地方），但还是有一部分人会称喀喇昆仑山脉（Karakorum）才是最高的山脉，甚至还有一小部分人能够在地图上指出喀喇昆仑山脉的位置。事实上，这条巨型山脉的雄伟和庄严都不比著名的喜马拉雅山脉逊色，而且同样也是亚洲最大的山脉之一。

喀喇昆仑山脉位于中国、巴基斯坦和印度三国境内。喀喇昆仑山脉有60多座山峰的高度超过7000米，包括4座8000米以上的山峰。山脉上有北极地区以外最大的冰川区，冰川区内的大冰川包括巴尔托罗冰川（Baltoro）、锡亚琴冰川（Siachen）和比亚福冰川（Biafo），它们都是世界上最大的冰川。这片严酷的地区无人居住，而且有些地方无法穿越。

喀喇昆仑山脉的主峰和最著名的山峰无疑是乔戈里峰，又称K2峰（海拔8611米），是世界上第二高峰，被形容为“自然力量在地球上创造出来的最和蔼的表情”。

登山者莱因霍尔德·梅斯内尔（Reinhold Messner）在一次采访中说，这座8000多米的高峰从下往上看时显得如此华美。“K2峰”这个名字，是1856年英国上尉

乔戈里峰（K2峰）是喀喇昆仑山脉最高的山峰，它海拔8611米，是世界第二高峰

在中国、巴基斯坦和印度的边界上矗立着喀喇昆仑山脉。喀喇昆仑山脉有60多座山峰的高度超过7000米，包括4座8000米的山峰。大多数较高的山峰都位于巴基斯坦境内

慕士塔格峰（图中左方，海拔7273米）和崇塔尔峰（海拔7302米）都位于中国境内的喀喇昆仑山脉中

巴托拉冰川是世界上北极地区以外最长和最大的冰川之一。位于巴基斯坦境内、喀喇昆仑山脉的西北部

巴基斯坦境内的喀喇昆仑山脉中一座在冰川上由冰雪形成的小巧湖泊

过去由于测量方面的误差，玛舍布鲁姆峰曾被误认为喀喇昆仑山脉的最高峰，因而又被称为K1峰。实际上它仅高7821米，比乔戈里峰低800米，尽管如此，它仍然是一座雄伟的山峰，景色非常壮观

喀喇昆仑山脉上一座海拔超过6000米的高峰——卡西德勒尔峰高高耸立在巴尔托罗冰川之上，位于巴基斯坦的北部

蒙哥马利（Montgomerie）用一对三角尺测量后的简单命名（在喀喇昆仑山脉，有许多山峰名字都以大写字母K为首依序标注）。

乔戈里峰，这座有着神奇魅力、美丽而巨大的山峰，吸引着无数梦想登上顶峰的登山者前来挑战。有趣的是，乔戈里峰总是和意大利人有着深厚的渊源。1909年，阿布鲁齐公爵（Duke of Abruzzi，意大利人）沿着山的东南方向上攀登，至今，这条路仍然被称为阿布鲁齐山脊路线（Abruzzi Spur）。公爵只攀登到了6250米的高处，一直到1914年，他都不断地前来探险。此后，他为许多地方起的名字至今还能在地图上看到，比如萨沃伊冰川（Savoy）、迪·菲利皮冰川（Di Filippi）和内格罗托山口（Negrotto Col）冰川。1954年，这座山峰越来越"意大利化"，两名意大利人莱切德利（Lacedelli）和孔帕尼奥尼（Compagnoni）在这一年第一次征服了此座山峰。

意大利人参与完成了一次雄心勃勃和复杂的计划——让人们认识中央喀喇昆仑国家公园（Central Karakorum National Park）。这是巴基斯坦1993年建立的最大的国家公园，面积超过10 000平方千米。几个不同的意大利机构与国际组织和巴基斯坦政府合作，有效地保护着乔戈里峰周围地区的安全。这里的生态环境和动植物正遭受到人类的威胁，为了保护这里的水资源和生物多样性，这项计划旨在通过适当的旅游业，提高当地人民的生活质量。尽管如此，想要达到理想的状态，仍然任重道远。

在巴基斯坦的北部、巴尔托罗冰川尽头的东北方向，加舒布鲁木群峰（喀喇昆仑山脉最偏僻的一组山峰）包括三座超过8000米的高峰。其中最高的是加舒布鲁木峰，海拔8080米

乌尔塔萨尔峰和罕萨高峰是巴尔托罗冰峰群的两座山峰，位于喀喇昆仑山脉最西部的附属地区

19

中国

The Tibetan Plateau
青藏高原

只有很少的人能够辨认出来，中国北京奥运会的吉祥物——五个福娃究竟是什么。其中有熊猫、燕子、鱼和火娃，这些可爱的小家伙们出现在2008年北京夏季奥运会的每一个宣传板上。哦，对了，福娃中还有一个，就是藏羚羊。事实上，这种动物对于西方世界来说还很陌生，但在中国国内名气却很大。在这个疆域辽阔的国度里，藏羚羊就是广漠的西部地区的标志。这小巧的牛科动物，也就是藏羚，大自然赋予其一身非常柔软的皮毛，被称赞为在动物中皮毛最温暖、最高档、最似真丝。羚羊绒就是从中提取的一种原料（现在这种行为是违法的），用来制作非常昂贵的帕什米纳披巾，即羊绒披巾（Pashmina，所用羊绒仅来自于藏羚羊的颈部和腹部），在欧洲和美洲的黑市上交易。

自从人们发现了这种昂贵的材料，藏羚开始大量惨遭捕杀。在20世纪早期，藏羚的数量曾达到百万只——早期的旅行者会告诉你最大的一个藏羚群数目在20 000只左右，但是在1995年左右，它们的数量急剧减少至75 000只。藏羚的王国在青藏高原的荒漠平原上，主要是在这片地区的西北部。这里曾经环境贫瘠，寒冷而严酷，非常难以进入。而现在，

公藏羚羊和母藏羚羊。这种羚羊因为身上柔软的皮毛一度惨遭杀害

这是青藏高原的独特风光。在这里，平均海拔4000～5000米

通往拉萨的铁路从这里穿过，使得想要到这里也变得容易起来。

1993年，中国政府在这片地区上建立了世界上第二大保护区——羌塘自然保护区（名称来自藏语，意思是“北部高地”），面积33.4万平方千米，北接新疆维吾尔自治区，东连青海省。附近其他区域随后都被保护起来，使得这一大片保护区打破了世界纪录，达到55万平方千米。

这片宽广的地区常被描述为：严寒的气候，平均海拔在4000～5000米，最高的山峰则超过了6000米。这就是为什么西藏被称为“世界的屋脊”的原因。这片高原上，生长着疾风吹拂的短草和灌木丛，覆盖着冰川和巨大的咸水湖，而丘陵和山脉交替出现。这片保护区非常重要，保护着这里独特的大型哺乳动物，包括藏羚羊、藏原羚、盘羊、岩羊、骞驴（或者叫西藏野驴）和野生牦牛。据估计，大约有150万的牛科动物在这里啃食牧草（这里还生活着1.9万人口），这片地区尚未被人类征服，而且可能是整个高原上最原始的部分。几年以前，人们才有了了解羌塘野生动物的念头。一直以来，每当藏羚羊准备生育时，藏羚群就会迁徙，没有人知道它们会在哪里生下藏羚羊宝宝。直到2005年，它们的行踪才被发现，科学家组成的队伍在一片位于山脉之中的遥远平原上，亲眼目睹了4000~5000只藏羚羊宝宝出生的经过——这真是一次令人惊喜而与众不同的大事件。

当我们向西北前进，越往北，土壤越贫瘠，也越不适应生存。羌塘地区的平均温度在-4℃

希夏邦马峰是海拔超过8000米的高峰中排名最低的一座，其海拔为8013米。照片是从山谷向上望去的风光。这里距离中尼边境很近

青藏高原在这片富饶的“多河地区”之上与喜马拉雅山脉相连。河水来自喜马拉雅山脉的冰川，源源不断地滋养着这片繁茂的植物。从这里开始，地球上一些最长的河流蜿蜒流向大海。其中包括湄公河、长江、黄河、印度河、恒河以及雅鲁藏布江

昂仁县和姆错丙尼地区的风光。这里是西藏最南部，喜马拉雅山脉的山麓地区，靠近尼泊尔的边界。这里并非是一片干旱的不毛之地，较之中国的中部和北部，这里并不更加干旱，而是更绿。西藏的大多数人口就生活在这里

年轻的藏羚羊就生活在羌塘地区的自然保护区内。在交配季节，年轻的公藏羚羊独自在漫步，而成年公藏羚羊则与母藏羚羊扎堆儿

20

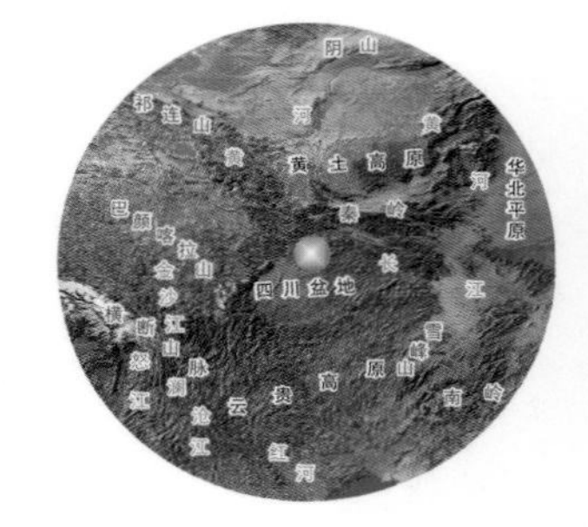

小熊猫最大能长到60厘米长

中国

The Protected Areas of Northern Sichuan
四川北部保护区

大熊猫被大量保护起来，是因为人们完全无法抗拒它们的可爱。毫无疑问，它们的黑眼圈、柔软的皮毛以及疯狂迷恋于咀嚼竹叶的嗜好，使人们忍不住地会心一笑。也许有人会说，它们的进化是受到环境的影响。因为如果大熊猫的体型没有那么硕大，没有毛绒绒的外表，不是黑白相配的毛皮，以及那似猫又像熊的模样（这就是为什么中国人称呼它们为大熊猫的原因），也许早就在自然界中消失了。相反，大熊猫物种消失的威胁已经避免，至少不是在最近的将来。

目前，在中国西南部的山区中，大约生活着1600只大熊猫。世界自然基金会在这其中起到了积极、重要的作用。实际上，大熊猫是世界自然基金会闻名全球的标志。

中国政府建立了大熊猫研究中心，制订了保护计划及饲养计划。大部分的大熊猫研究工作在四川省北部卧龙保护区内进行。

这里是第一个世界闻名的大熊猫保护区。它成立于1983年，以建立饲养中心为目的，主要任务是帮助圈养的大熊猫重新回到野生环境中。但是，人工饲养

在中国中部地区四川省的森林深处，生活着许多濒危的珍稀野生动物，其中包括最著名的大熊猫。全世界野生大熊猫的数量仅有1600只，尽管数量很少，但这个物种仍然能够在一段时间内留存下来

位于四川省北部的九寨沟自然保护区海拔2500米，是中国最美丽的地方之一

高度仅为3.6米的石灰华（水成岩）不断截流，在黄龙自然保护区内形成了大大小小超过3300个湖泊和池塘。这里是世界上最著名的风景区

的成功率仍然很低，多半是因为大熊猫的自然受精非常困难，而怀孕期又很长。

毫无疑问，大熊猫的确是一种独特的动物，尽管大熊猫如此受欢迎，但它们有些习性至今仍然令人费解。比如，大熊猫喜欢独居、生活在偏僻的地区，而且数量极少——它们的存活率在人类活动影响之前就已经很低了。大熊猫最喜爱的食物——竹子，有一个特殊的生命循环周期，一旦开花就会大片死亡，接着在这一片地区消失。正是竹子的这一特性，使大熊猫在这段时间内不得不吃一些毫无营养的灌木充饥，否则就会面临饥饿。总而言之，保护大熊猫需要解决大量难以应付的困难。

显然，所有这些保护措施的建立，都是为了保护生态学者称谓的旗舰物种。由于物种的名望而使保护的问题受到媒体追捧，最后推动了该地区许多其他动植物的保护工作。在联合国教科文组织指定的16个保护区，也就是“四川大熊猫栖息地”内，生长的植物种类有5000～6000种。这里还生活着雪豹、金丝猴、羚牛以及大量种类不同的鸟类，包括生活在繁茂的杜鹃花丛中、长着美丽的蓝耳朵和白耳朵的雉鸡。这里还生活着另一种熊猫——小熊猫，或者被称为红毛熊猫。尽管也是熊猫，却与大熊猫完全没有血缘关系，这种动物在这里很常见。在四川北部地区还能发现其他的自然奇迹，比如一处位于和甘肃省交界的地方，黄龙自然保护区和九寨沟自然保护区荫庇着一片壮丽的高山峡谷风景区，这里有多彩的湖泊、针叶树林和优美的瀑布。黄龙梯台状的石灰岩构成与在土耳其帕穆克卡莱，即棉堡（Pamukkale）和黄石国家公园马默斯温泉（Mammoth Hot Spring）发现的几乎完全相同。

黄龙自然保护区除了独特的石灰华岩层外，还有大面积的山地，成为各种野生动物和各种奇特植物的家园。这里的森林中有冷杉、铁杉、松树、槭树、赤杨和桦树。保护区内坐落着海拔5599米的雪宝顶峰

在九寨沟自然保护区，大约有100多座湖泊，每一座湖泊的湖水如水晶般透明，小溪与河流从山谷中穿过，常常交叉汇聚在一起，形成“Y”形

21

中国

Wulingyuan National Park
武陵源

西方人对中国山水的印象，常常来自艺术作品，而非现实。许多年以来，精致的中国水墨画上，只需轻轻几点，就描绘出远处浓雾中的山脊，隐没在湿润的绿色森林中的岩石，或者是云彩掩映着的翠绿山丘。这些作品深受西方人的喜爱，常常被西方人挂在室内当作装饰品。很明显，中国的自然环境多种多样，那些“水墨画”中的画面的确存在——比如受到保护的武陵源自然保护区。

武陵源隐藏在湖南省西北部的一个偏僻山谷中，这片地区的面积260平方千米。在保护区内，有3000多座大小山峰从万绿丛中拔地而起。1992年，这个地区被列入联合国教科文组织的《世界遗产名录》。

6000万年以前，湖南省所辖区域浸没在一片热带海洋之中。这里的海水极深，海底是一层石灰岩。石灰岩表面柔软，混杂着许多化石，而且不断沉淀。随着时间的推移，海水越来越浅，体积较大的石英质砂岩逐渐形成。当地球表面的陆地不断上升时，地质构造运动开始，火山喷发，紧接着，独特的喀斯特地形构造开始了。火山喷发时，石灰岩缓慢地溶解，使地面上形成很多凹陷的麻点和巨大的洞穴。砂岩开始破裂和崩

武陵源位于中国的湖南省。绿色植物覆盖着形态各异的山峰，这些山峰海拔在200～800米不等。猛然一看，貌似有无数小尖塔从浓密的森林中冒出头来

武陵源的气候温暖而潮湿，养育了这一片茂密的植被。这里全年的平均温度在16℃左右，范围从5℃（1月）至27℃（7月），年降雨量1430毫米。大雾天气和低矮的云朵是这里常见的现象。这里奇异的岩石柱都有自己独特的名字。比如照片中的御笔峰

武陵源一角

塌。在重新形成的岩石中，石英石成分占5%～95%。武陵源由此诞生了。

在这片石峰林（许多因为形状而命名）中，峡谷和山谷点缀其中，河水和瀑布遍布（有传说讲，武陵源的河流和瀑布的数量有800个以上），还有遍布山谷的山洞和洞穴迷宫。这里开发了至少40处景点，比如黄龙洞，长13千米，是中国最深的洞穴之一，还有一处高50米的瀑布。

武陵源还有两处天然形成的桥梁景点非常有名，一座名叫仙人桥，长26米，其厚度仅1～2米，另一座叫天下第一桥，长度超过40米，宽3米，厚15米，这座天下第一桥离地面的高度超过357米，也许是世界上最高的天生桥。

吸引游客前来武陵源游览的，不仅仅是其地质奇景。如果没有绿色的原始亚热带森林的覆盖，这里的风景就很难独自保留其完美的魅力。这里的植物，仅树木就600种（是整个欧洲树种的2倍），包括槭树、栎树、松树、银杏和著名的水杉。这里还生长着世界上最古老的植物。同样，这里的动物难得一见，却能给人留下深刻的印象。穿山甲、豹、猴子和金色雉鸡躲藏在峡谷和山谷之中。不仅如此，这里最著名的动物当属两栖动物。在湖泊和河流中，生活着著名的珍贵的中国大蝾螈，它是世界上最大的蝾螈，其长1.5米，堪称一怪。

亚洲豺犬是一种野狗，生活在亚洲的森林中，遍及印度和印度尼西亚

神秘而喜欢独居的云豹生活在武陵源的最北部地区

22

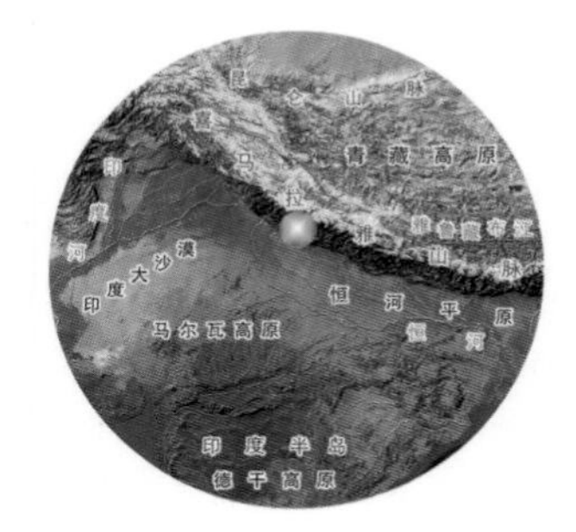

印度

The Uttarakhand Massif 北阿肯德邦山地

有刺绿绒蒿是广受欢迎的一种开花植物，很多人从欧洲和日本前来，就是为了一睹这著名的蓝色罂粟。这种花的花冠是极脆弱的“灰蒙蒙的天空”的颜色，对于植物学家来说，能够一睹其花容，将会令人异常激动。苞叶雪莲（在当地被称为Brahma Kamal）也许是最能够给人带来灵感的植物。几个世纪以来，它那引人注目的奶油色叶片，衬托着颜色鲜艳的小花朵，一直都是用来供奉神灵的。斑瓣百合也许是最珍贵的花朵，这些六片粉红花瓣的百合在全世界的温室中都能看到，但是只有在这里才能看到野生的。

这些花朵只是这里600种植物中的3种。这里被称为“花之谷”，隐藏在印度北阿肯德（Uttarakhand）邦的喜马拉雅山脉里。这里是真正的花之天堂，在整个亚洲大陆内几乎是独一无二的。这里的植物相当集中，而且具有极其广泛意义的物种多样性，包括蕨麻、兰花、乌头毒草、杜鹃花、瓜叶菊、虎耳草、堇菜和贝母。

这里海拔3500米，是一个异常美丽的地方，小溪和瀑布在雪山（其中包括尼尔吉里峰，海拔6474米）下到处都是。

第一位踏上这个美丽地方的西方人，是一个

蓝罂粟生长在印度喜马拉雅山脉地区的鲜花山谷国家公园内

喜马拉雅塔尔羊是一种非常稀有的有蹄动物，生活在中印边界海拔3000米的高山中

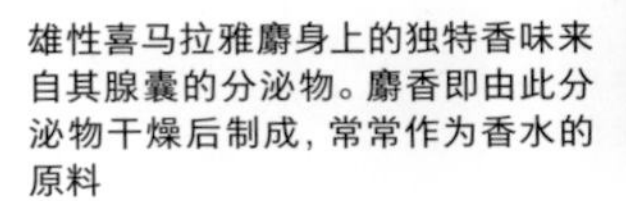

雄性喜马拉雅麝身上的独特香味来自其腺囊的分泌物。麝香即由此分泌物干燥后制成，常常作为香水的原料

楠达德维山有7816米，是印度的第二高峰

根戈特里峰群位于印度的北方邦，与中国相邻。根戈特里冰川是喜马拉雅山脉上最大的冰川之一

名叫弗兰克·史密斯（Frank Smythe）的探险家和登山家。1937年他来到这里，并写了一本关于这个神奇地方的书。1982年，山谷中建立了一座国家公园，专门保护这里的自然资源。国家公园制定出相应的政策，用以加强对游客的管理，当然，也包括当地的牧羊人。很早以前，这些人对当地的自然环境造成了极大的影响，游客们随意摘取花朵，而牧羊人则放任他们的家畜在这里四处游荡。今天，这里的管理非常严格，联合国教科文组织也深深了解到这个地方的独特性，2005年，已将此地列入《世界遗产名录》。

在这附近还有《世界遗产名录》中的另外一个国家公园：楠达德维山（Nanda Devi）国家公园（1988年列入），离“花之谷”距离不是很远，但是风景却是另一番味道。楠达德维山国家公园非常偏僻，很难到达，而且比“花之谷”的海拔要高很多，几乎是一个被人遗弃的地方。

这个保护区坐落在楠达德维山（7816米）周围。楠达德维山是印度第二高峰，双子山峰的侧面几乎是竖直而立。如果想要到达顶端，登山者需要穿过圣人峡谷（Rishi Gorge）——这里被誉为是世界上最原始、最美丽的峡谷之一——请注意，这里需要用过去时态来表达，因为现在，无论对于当地人还是游客来说，想要登上楠达德维山已被完全禁止。这个政策是由公园制定的，旨在完全保护这个公园的野生环境。公园管理局对公园实行多年的关闭政策，将所有20世纪70年代遗留下来的垃圾清理干净，之后于2003年，公园管理局又重新对外开放了保护区，尤其是外围地区。

但是只有少数足够幸运的人参观过这里，他们会向人们讲述一个关于喜马拉雅山脉遥远地区的野性传奇。

亚蒙诺特里山周围是成千上万印度人朝圣的地方。这里是亚穆纳河的源头

23

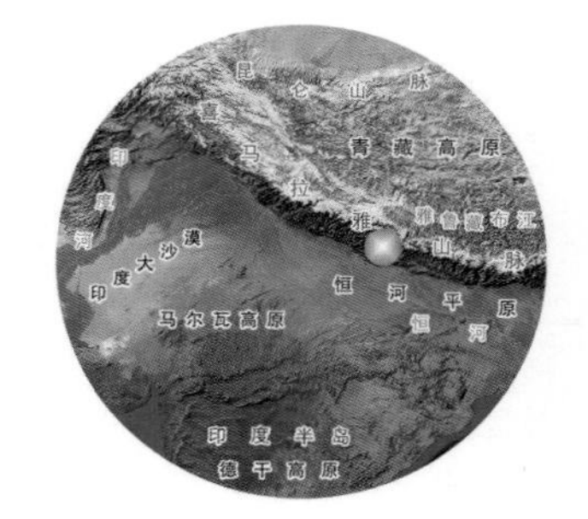

尼泊尔

The Annapurna Massif
安纳布尔纳山

一本介绍亚洲自然奇景的书，毫无疑问应该囊括喜马拉雅山脉上所有超过8000米的14座高峰，这些山峰是这个星球之最，每一座山峰都有自己独一无二的特征、历史以及“个性”，但是由于篇幅的关系，我们没有办法做到这一点。世界第一高峰珠穆朗玛峰和第二高峰乔戈里峰已经编入本书中，我们还想向大家介绍非常美丽的安纳布尔纳山脉（Annapuma Range），虽然这座山峰不是第三高峰（第三名是人们还很陌生的干城章嘉峰，海拔8586米）。

介绍安纳布尔纳山有两个主要的原因：

第一，安纳布尔纳山有7座山峰超过7200米，最高的安纳布尔纳峰（Annapurna I）高8091米；

第二，以登临这段山脉为起点，人们攀登喜马拉雅山脉最高峰的比赛才算开始。1950年，法国人埃尔佐格（Herzog）和拉舍纳尔（Lachenal）攀登了这座高峰，这是第一次人类征服8000米的高峰。

那个时候，想要达到这个高度常常被认为是不可能的事情。法国的登山勇士为他们的成功付出了昂贵的代价。他们两人的四肢冻坏了，必须忍受截肢手术。

图中是安纳布尔纳山与周围（全部面积超过7000平方千米）的景色。这片地区由安纳布尔纳保留区项目进行管理和实施保护政策。这个项目在1986年由世界自然基金会和马亨德拉国王尼泊尔基金会共同创建。其目标是创建一个用于保护这片地区山地风貌的保护区。但这个保护计划与提高当地人民生活水平有些矛盾

这是从普恩山（海拔3190米）眺望安纳布尔纳山。普恩山是登山者很喜欢的观测点，站在这座山峰上，可以看到安纳布尔纳山脉的全景，尤其是道拉吉里峰（海拔8167米）的风光

尽管如此，还是有很多登山者尝试攀登这座"万物女神"（安纳布尔纳在梵语中的意思），纵使有生命危险。安纳布尔纳山峰比喜马拉雅山脉上任何一座山峰的牺牲者数量都要多很多。1950—2005年，在前来探险的勇士当中，有103名挑战山峰成功，但是还有56名登山者在尝试攀登的途中丧生。

安纳布尔纳山的攀登历史可以撇开，因为它的重要意义在于它是喜马拉雅山脉最容易到达的一座巨峰，全世界喜爱攀登高山的人们可以前来挑战。据统计，2/3的徒步者到达尼泊尔后，就来到离山脉不远处的博卡拉（Pokhara）。然后，他们沿着著名的路线——安纳布尔纳大环（Annapurna Circuit）前进——这条环路环绕着巨大的山脉。每一年，都有25 000名游客前来，沿着这条路徒步旅行：对于这片地区脆弱的生态环境的平衡来说，这个数字已经构成一个威胁。而且，安纳布尔纳山并非坐落于偏僻遥远的地区，相反，在山脚下的峡谷中，生活的人口有40 000人，这些人不是从事种植就是放牧。

由于世界自然基金会和马亨德拉国王尼泊尔基金会在1986年创建了一项卓有远见的项目——"ACAP"（即安纳布尔纳保留区计划），所有的人类行为才没有导致生态灾难。这个计划的概念非常简单：如果没有改善当地人民的经济条件，一个地区的保护行动将难以成功。一个国家公园并不能完全保护安纳布尔纳山，同时，还需要为当地老百姓建立保留地。20年后，可以这样说，这项发展工作已经渗透进入社会，改善当地人的生活条件、合理控制旅游业的发展、保护自然遗产和发展当地居民的教育（所有的资金来自于国际代表和旅行者所花费的门票）等工作都非常有成效。

安纳布尔纳保留区计划成为喜马拉雅山脉地区保护工程的一面旗帜。

雄伟、陡峭的鱼尾峰（6993米）位于安纳布尔纳山脉。这座山峰至今尚无人攀登。对于当地人而言，这座山峰相当神圣

安纳布尔纳山脉长50千米，完全位于尼泊尔境内，照片中的山峰是
安纳布尔纳峰（8091米）

24

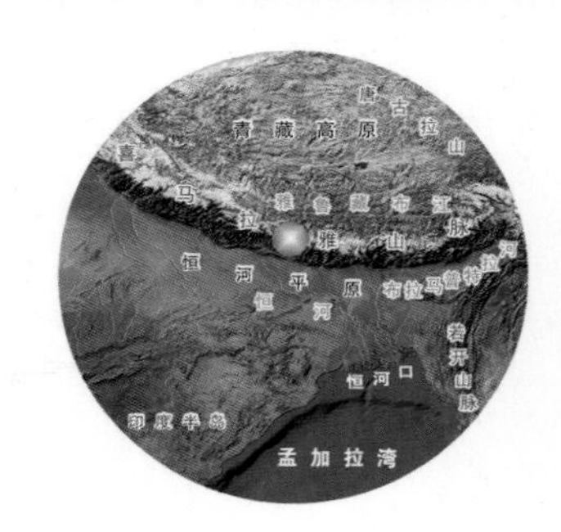

尼泊尔

Sagarmatha National Park
萨加玛塔国家公园

萨加玛塔国家公园内有7座超过7000米的山峰，还有一条20千米长的冰川。这里的海拔从最低点至最高点相差6000米，而且这里有世界上独一无二的最高峰，高度8844米。在高峰之上，只剩下一片天空。

其实，萨加玛塔国家公园拥有的还不止这些。

萨加玛塔国家公园建于1976年，位于尼泊尔的东北部，与中国西藏毗邻，这里被喜马拉雅山脉中最扣人心弦的年轻山脉所包围。世界上规模最大的喜马拉雅山脉是由印度板块和欧亚板块巨大的冲撞力冲撞而成，最近的冲撞发生在50万～80万年前。

萨加玛塔（Sagarmatha）在尼泊尔语中是“天空女神”的意思，而珠穆朗玛峰在藏语中指“宇宙的母亲”，西方人称这座巨大的山峰为艾佛勒斯峰（Everest，根据19世纪西方首位测量山峰的威尔士地理学家和制图家的姓氏命名）。萨加玛塔国家公园是地球上海拔最高的保护区，海拔最低点为2485米，最高超过6000米。

萨加玛塔峰（也就是珠穆朗玛峰）是世界上的最高峰，在那里，可以看到绵长的山岳、冰川、山谷、冰和雪——诸如此类世界上尚未被征服的景

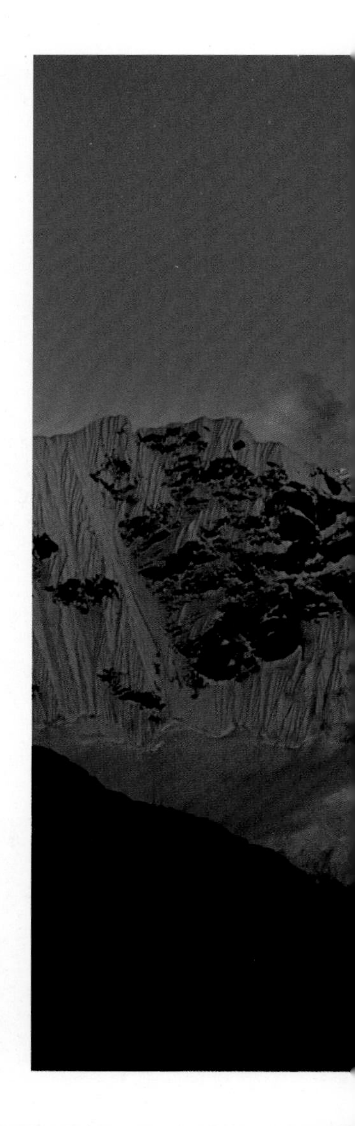

这里就是世界屋脊。从戈焦山（5357米）望去，从左至右，分别是：珠穆朗玛峰（8848米）、努布策峰（7861米）、洛子峰（8516米）、马卡鲁峰（8462米）、佐拉策峰（6440米）和塔博切峰(6542米)

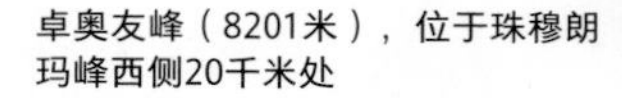

卓奥友峰（8201米），位于珠穆朗玛峰西侧20千米处

有人认为努普采山岩是（从尼泊尔方向）观测珠穆朗玛峰的最佳地点之一

洛子峰是世界第四高峰，海拔8516米，南坳与珠穆朗玛峰相接

色。这种景色，只有极少的人有幸目睹：截至2007年底，世界上到达过其顶峰的登山者总共只有2435人。

公园占地面积1148平方千米，其中70%是贫瘠的土地，岩石裸露，只有很少的地衣植物存活下来。但若认为这样高海拔的地区毫无生命迹象，那就大错特错了，在与阿尔卑斯山同海拔的地方，这里有许多种生物，而阿尔卑斯山却只有层层冰雪。这里的植物可以一直生长到海拔5750米，再往上则是厚厚的雪层。在海拔4500米以上的地方，生长着矮小的灌木丛；在3800～4500米，生长着杜松和杜鹃花；在3600米以上，则生长着更多的杜鹃花和桦树。这里的动物生活情况也非常好。

在低海拔地区，3000～4000米的地方，生活着亚洲黑熊、雪豹、小熊猫和各种各样的有蹄动物，它们早就适应了缺氧的空气环境，甚至还有一些动物愿意生活在更高的地方。还有人看到鸟类从珠穆朗玛峰上飞过，比如斑头雁——它们在西伯利亚和印度之间进行着危险的迁徙旅行，每年必须两次飞越珠穆朗玛峰。黄嘴山鸦与乌鸦很相似，很多登山者在海拔7920米的高处看到它们在寻找食物和动物的尸体（包括登山者遇难的尸体）。

海拔越高，动物的体型就越小，比如发现于海拔6700米的珠穆朗玛跳蛛。小小的蜘蛛向下注视着我们，在它之上，只有冰雪和岩石。

普莫里峰与努布策峰、洛子峰、阿玛达布朗峰以及卓奥友峰一样，都坐落于萨加玛塔国家公园内

1961年，人类第一次登上努布策峰，第二次登顶的时间是在1996年。这是因为它那高个儿的邻居——珠穆朗玛峰更为知名

阿玛达布朗峰相当于由冰雪和岩石共同构成的金字塔，海拔6812米，人们常常将它与马特峰作比较

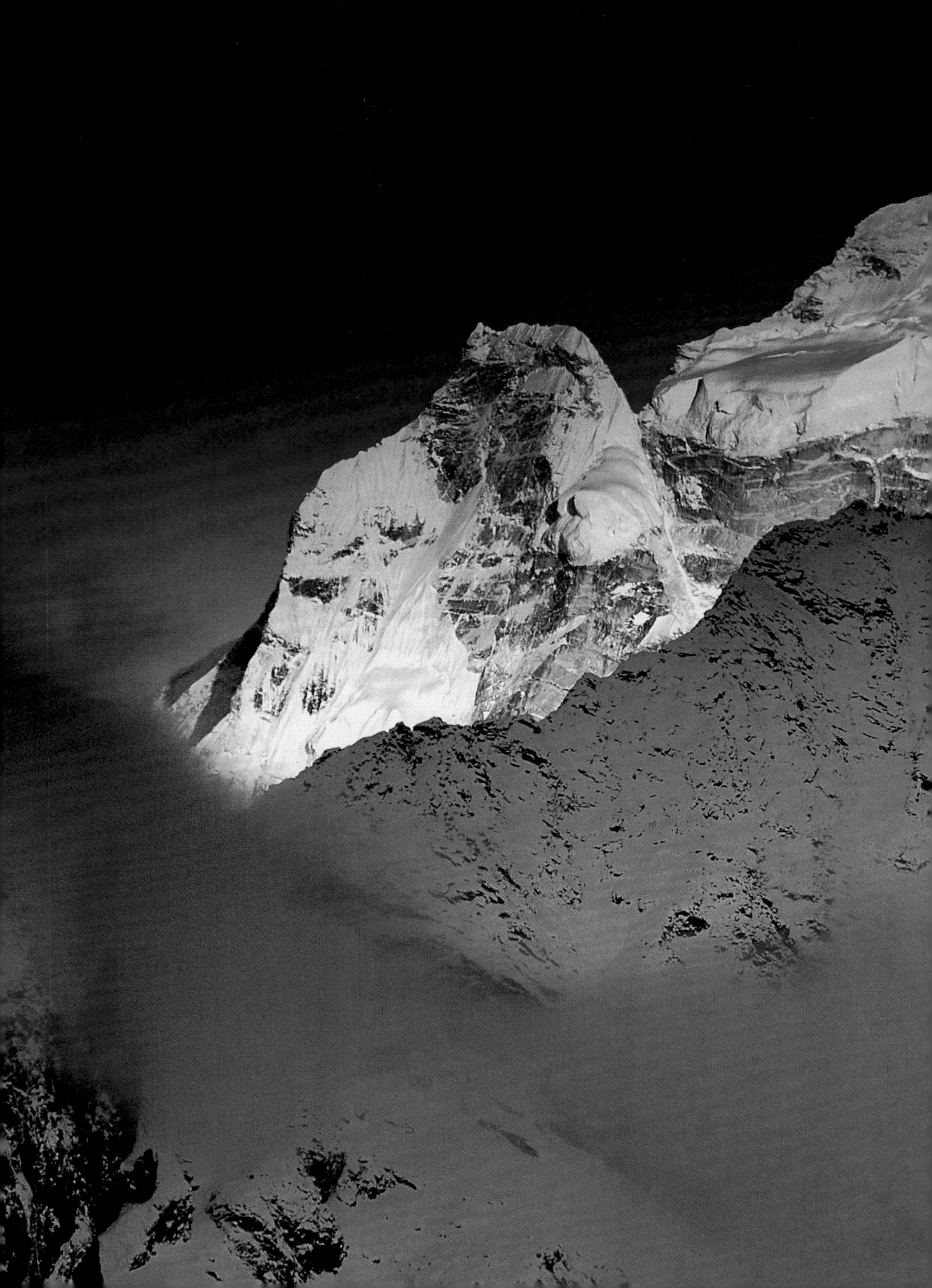

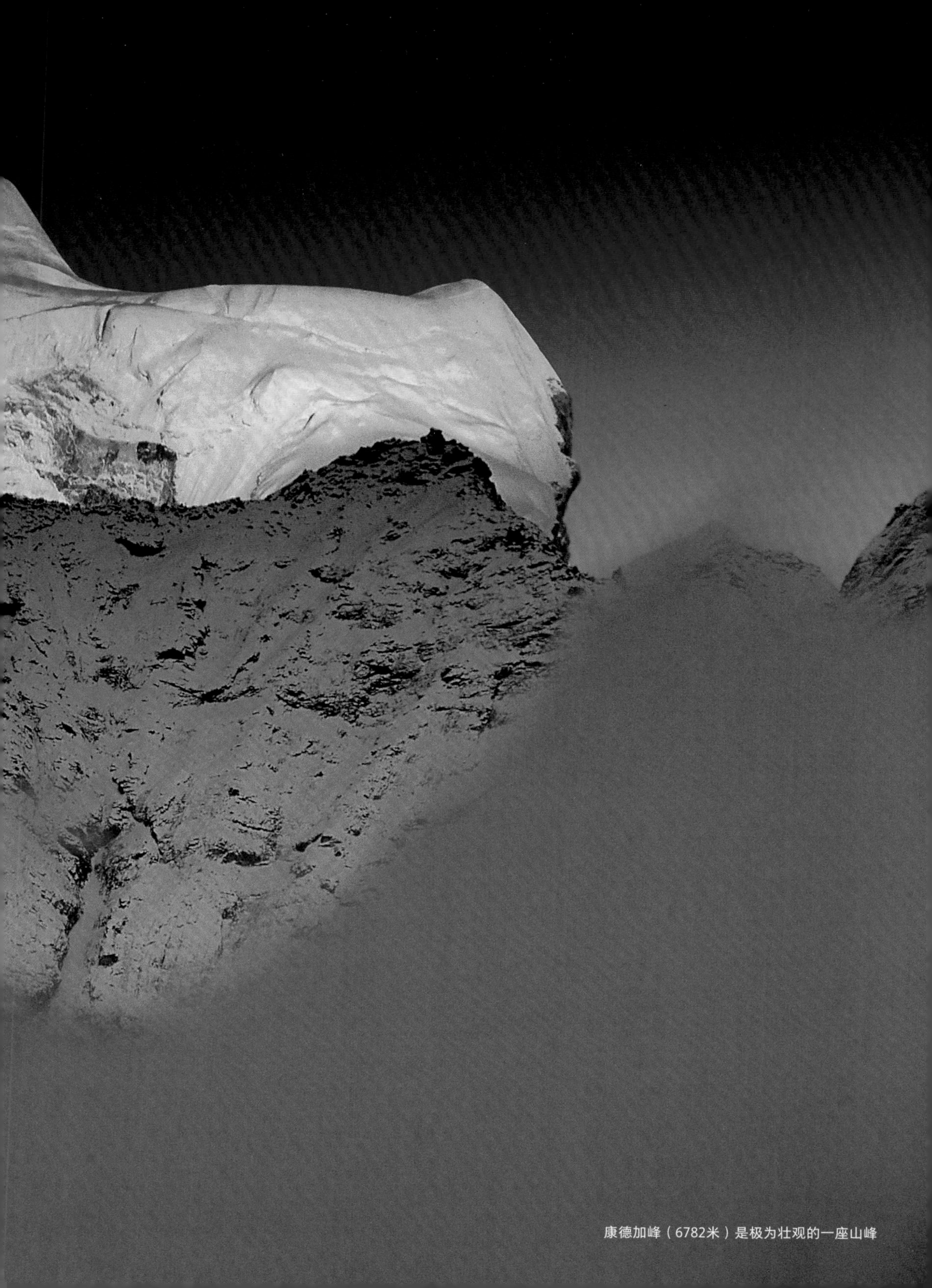

康德加峰（6782米）是极为壮观的一座山峰

25

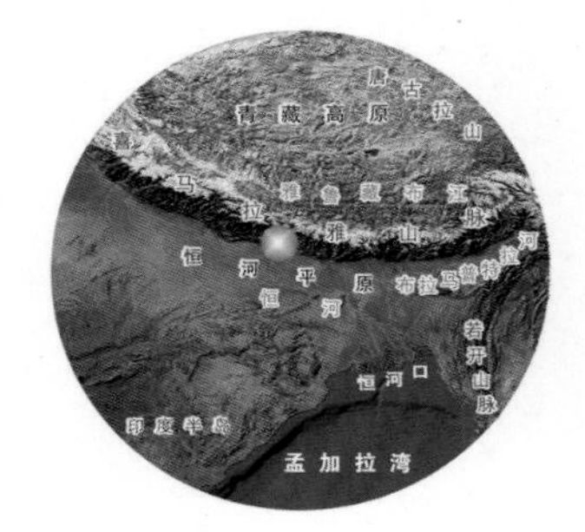

尼泊尔

Royal Chitwan National Park
皇家奇特旺国家公园

一提及尼泊尔，几乎所有人都会想到喜马拉雅山，但是尼泊尔并非一个遍地是山的国家。

在尼泊尔南部和印度相邻的边境一带，有一片狭窄的名为特莱（Terai）的地区，这里是恒河流域的一块被山麓小丘包围着的冲积平原。特莱曾经被茂密的丛林覆盖，遍地是沼泽。而今天这里的大部分地区都被开垦改造，有60%的土地被用作农业种植，大约有2/5的尼泊尔人都居住在这里。由于人口不断增长所带来的压力，以及工业迅速的发展，在这片土地上，能够保留下来的最原始的环境已经非常罕见，只有很少的地方能够让人们回忆起几十年前这里的自然环境是多么壮丽。而这些地方之中，最出名的就是建立于1973年的皇家奇特旺国家公园（Royal Chitwan National Park）。

坐落在一块冲积平原上的皇家奇特旺国家公园，被浓密的落叶林覆盖着。每一年，印度洋季风带来的雨水都在这里泛滥开来。

早在19世纪，这里就已作为王室的狩猎场被保护起来。这个公园一直都是孟加拉虎、印度犀牛

两只印度犀牛之间激烈的搏斗。一只母犀牛正在努力地扫清自己的道路，好让身后的小犀牛安全通过

沙罗树是喜马拉雅山脉南侧开放森林的一种非常独特的树种，皇家奇特旺国家公园中70%的面积都被这种树林覆盖

印度犀牛非常喜爱潮湿的地方，包括沼泽地，它们个个都是游泳健将

亚洲钳嘴鹳经常在东南亚出现

和印度大鳄鱼的家园。印度大鳄鱼是一种独特的鳄鱼，长着细长的爪子。但不幸的是，普通的观光者很少能够看到这些动物。平时能够看到的只是这里超过450种的鸟类，当然，在喜马拉雅山脉的雄伟的背景衬托下，这里显得异常美丽。

皇家奇特旺国家公园毗连着帕尔萨（Parsa）保护区，是南亚次大陆上最值得关注和研究的国家公园。这里的生物多样性和生态环境之独特，是其他地方根本找不到的。这里的动植物资源非常重要。不仅如此，这个公园是在人口密度集中的区域内、环保得力的保留地典范，吸引着世界各地学习环境保护的人前来参观。科学家、政治家和环保主义者为了保护这片环境，面临着各种各样的困难和挑战。在疟疾根除后，也就是1950—1960年，这片地区的人口从36 000人增加到100 000人。10年后，当第一次保护项目开始实施而公园准备设立时，大约有22 000人不得不迁移至保护区的外围地区，这就是其中最大的一个难题。1980年，在公园附近建立了320个居住点供260 000名居民使用。

如今，这个数字还在增加，但是又增加了很多新的问题：孟加拉虎不断袭击圈养的牛群和人类（虎的活动范围往往超出公园边界，并向外延伸，面积约有公园面积的30%）；还有很多不同种类的草食动物频频破坏庄稼地；公园内的自然资源不断遭到外界的各种冲击；农民们扩大了自己的土地，使得动物们的生活范围越来越小，等等。

为了增强当地人的科学环保意识，也为了提高当地的经济发展水平（幸运的是，这里的生态旅游已经成为一个支柱产业），一项可持续发展计划正被逐渐提上日程。为了不让皇家奇特旺国家公园消失或者成为一个野生环境的孤岛，还有很多工作需要逐步完成。

生活在皇家奇特旺国家公园内的印度大鳄鱼是一种稀有的鳄鱼种类，它有一个狭长的鼻子和布满小牙的嘴，有106～110颗牙齿

孟加拉虎从茂密的林下灌木丛中走了出来。皇家奇特旺国家公园里生活着数量稳定的稀有动物品种

26

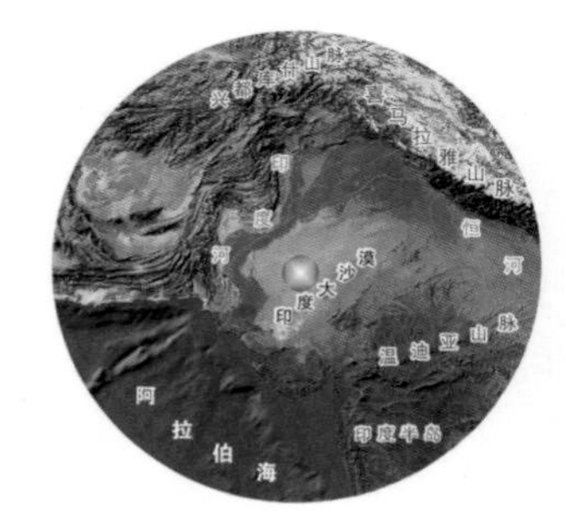

蓑羽鹤是一种小型的鹤，几乎在塔尔沙漠中的稽查镇附近度过整个冬天

印度

The Thar Desert and Gir Forest National Park
塔尔沙漠和吉尔森林国家公园

印度境内，并非完全都是浓密的森林、喜马拉雅山脉的山峰和广阔的泛滥平原。在印度的西部地区，也就是与巴基斯坦交界的拉贾斯坦邦（Rajasthan）和与阿拉伯海相接的古吉拉特邦（Gujarat），有一大片沙漠，叫作印度大沙漠，也叫塔尔沙漠（Thar Desert）。这个沙漠也许是近代才形成的，沙丘和岩石平原上植被稀少（只有著名的长着锯齿形、满是荆棘树枝的酸枣树）。

历史学家称，公元前326年，当亚历山大大帝准备穿过印度河时，这里还是一片绿洲，有足够的树木用来做木船。虽然这里是一片沙漠，但是这里却生存着大量的生物：许多植物和动物早已适应了这里的干燥气候。举一个例证，这里瞪羚种类很多，包括阿特拉斯瞪羚。这是一种优雅的黑羚，头顶上有一对漂亮的弯曲的犄角，是世界上奔跑速度最快的动物之一。实际上，它的头顶上一共有两对犄角，一对长在额头上，还有一对长在眼睛上面。这里还生活着满身条纹的鬣狗、金色的豺、猞猁、灰色的猫鼬与不同品种的鸟类，

叶猴家庭的成员数从10至60只不等，它们都是极为矫健的攀登者。炎热的白天叶猴通常在地面上休息，而晚上则爬到树上。叶猴宝宝跟着母亲生活，一直到它们一岁以后

塔尔沙漠位于印度西北靠近边界的地区，看上去是一望无垠的沙漠

在塔尔沙漠，和印度其他地区一样，叶猴是一种最常见的猴子。有一些叶猴住的地方甚至离城镇很近

优雅的印度羚生活在干旱贫瘠的印度平原上，雌性和雄性之间的外表差异很大

包括猎鹰、鸨和云雀。

在沙漠的南缘就是小卡奇沼泽地（Little Ran of Kutch），是一片宽阔而炎热、混合着盐分跟泥土的平原地带。这里，能够找到世界上最后存活的印度野驴。这是一种奇异的野驴亚种，身体如同斑马一般，体型只有马驹那么大，而性格则与瞪羚相似。

在古吉拉特邦（是印度最西部的省，圣雄甘地的出生地）卡奇的南部，还有另外一个保护区，这里是另一种不寻常的动物的最后家园。萨散吉尔（Sasan Gir），也就是吉尔森林国家公园（Gir Forest National Park）建立于1965年，目的是为了拯救世界上最后存活的亚洲狮。

亚洲狮曾经从希腊到俄罗斯都有分布，但是今天，它们仅在这个面积为1400平方千米的保护区内生活着。这个保护区四周被丘陵包围，是一片覆盖着柚木和稀疏荆棘丛的平原。2005年，这里的亚洲狮仅有359头，相当稀少。在20世纪早期，这里只剩下几十只，与那时相比较，今天亚洲狮的数量仍属于较大的增长。一项圈养计划开始：100只亚洲狮被送往世界各地的动物园——是为了避免任何灭绝的危险——还有一项计划在进展中，一些亚洲狮被送往中央邦（Madhya Pradesh）的巴尔布尔国家公园（Palpur National Park）内生活，那里的环境与吉尔森林国家公园有些相似。尽管如此，亚洲狮的未来还是有些暗淡堪忧。

塔尔沙漠南部的古吉拉特邦有一座吉尔森林国家公园，又称为萨散吉尔。这座国家公园设立于1965年，主要目的是为了保护极为稀少的亚洲狮。亚洲狮与它们远在非洲的亲戚相比体型要小一些，拥有褶皱的短鬃毛，肩膀上和尾巴上有一撮撮毛发，奔跑时鬃毛总是贴在肚子上

27

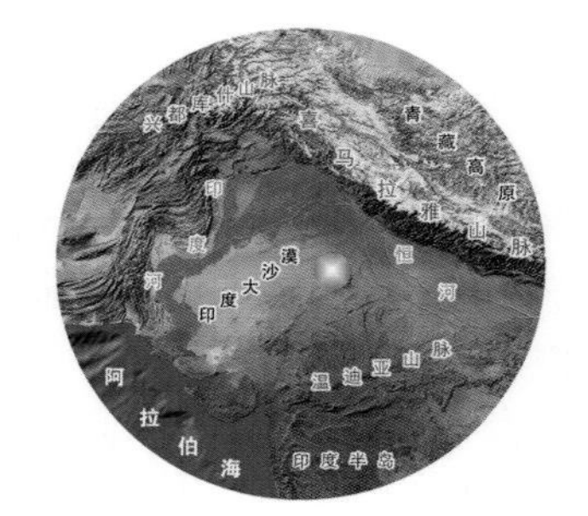

印度

Keoladeo Ghana National Park
盖奥拉德奥国家公园

几乎每一个鸟类学家都会梦想有一天能够探访盖奥拉德奥国家公园（Keoladeo Ghana National Park），这里曾称为珀勒德布尔国家飞禽动物园（Bharatpur Bird Sanctuary），是世界上最著名的鸟类和动物保护区之一。公园面积30平方千米，位于印度拉贾斯坦邦和北方邦（Uttar Pradesh）交界处。这里人口众多，工业文明发达程度较高，这个保护区如同一个真正的小岛，孤独地矗立在人类发展的汪洋大海中。公园吸引着各种不可思议的鸟类前来安家，尤其到了冬天，会有更多鸟类迁徙来此以度过北方寒冷的冬天。

很久以前，这里修建了一座大坝，距离大坝几千米之上，就是甘比尔河（Gambhir）和班根加河（Banganga）交汇处。1726—1763年，因大坝修建，这里逐渐形成一个巨大的自然盆地，而且这个盆地还在不断扩大。大坝修建的主持者、印度珀勒德布尔土邦领导人很快发现，这个短期内形成的盆地是一个非常不错的狩猎区。于是，在19世纪到20世纪前50年间，人们组织了数次规模庞大的水鸟狩猎比赛。

据说仅在1938年的一次狩猎季节中，印度总督在此就射杀了4273只鸭子。1971年，这块狩猎地终于得

水鸟们聚集在拉贾斯坦邦东部的盖奥拉德奥国家公园。爪哇鸬鹚只是这里无数种鸟类中的一种

黄嘴鹮鹳选择了沼泽地边缘上的一棵树筑巢

白鹈鹕是盖奥拉德奥国家公园内常见的一种鸟类

一只母斑鹿优雅地从沼泽地的水上跳过

赤颈鹤正忙着进行独特的交配仪式。赤颈鹤的展翼长2.5米

到了保护，1985年，联合国教科文组织将这个公园收入《世界遗产名录》。

在这里，大约生活着350种记录入档的鸟类。可是，为什么这么一块小地方会有这么多种鸟类呢？答案就是这片地区是一片多样化的栖息地。实际上，水鸟们最钟爱保护区内大片开阔的空间和充足的水源，以及众多小岛上生长着的茂密的刺槐。从夏末到秋季，一旦季风雨所带来的洪水覆盖了整个地区，许多鸟就在树上筑巢。树上的鸟巢此时变得拥挤不堪，各个种类的鸬鹚、蛇鹈、苍鹭、夜鹭、白鹭、朱鹭、琵鹭和鹳彼此成为邻居，将家安在了树上，有一些鸟类甚至在此地过冬。在百合和水生植物之中，隐藏着众多的雌红松鸡和水雉，而从远处迁徙来的成千上万只鸭子和大雁则安家在更加宽阔的地带，其中包括美丽的斑头雁、印度树鸭、凤头潜鸭和瘤鸭。潮湿的边缘地带上是大片草地、刺槐林，还有一些长得很高大的树木，这里吸引着鸽子、猫头鹰、犀鸟、啄木鸟、夜莺、花蜜鸟和织巢鸟前来筑巢。还有很多来自中亚和喜马拉雅山脉的鸟类到温暖的珀勒德布尔过冬，如蓝喉歌鸲、红胸姬鹟，还有很多种莺和画眉。由于这里食物非常丰富，除了吸引这些美丽的鸟类前来，同样也吸引了掠夺者和天敌，这里有5种鹰类，包括鸢、秃鹫和隼。

这里鸟类虽然丰富，但也并非一直都很安详静谧。在最近的4年中，保护区内的季风雨越来越少，造成不少鸟类死亡。而且最严重的事件就是大坝的修建而造成河水不能自然流动，许多农民给拉贾斯坦邦政府施加压力，将大量的水引到农田去灌溉土地和牧场，而这些水原本一直在巴拉普地区流动着，滋养着那里的动植物。现在，这个绿洲正在逐渐缩小，而且将面临鸟类不断减少的状况发生，联合国教科文组织对这里的状况非常担忧。

我们仍希望当地居民的生存发展需求和自然的馈赠能够有一天和谐地达成一致，让这个美丽的小岛保留下来，让世人仍有机会光顾这个神奇之地。

苏尔坦鸡披着华丽的外套，独自站在盖奥拉德奥国家公园的湿地上

苍鹭和鹳看上去是在欣赏湖畔日落的景色。盖奥拉德奥湖是一个建于300年前的人工湖。但是今天，这个湖泊面临着巨大的危险：上游也建立了大坝，可以汇入这里的河水越来越少。

28

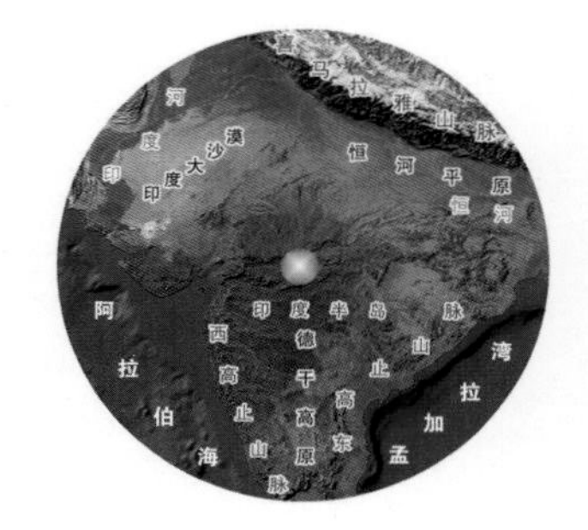

印度

Madhya Pradesh National Parks
中央邦国家公园

每当提到《丛林故事》（*Jungle Book*），人们都会想起舍雷汗（Shere Khan，《丛林故事》中的一只虎）。在大多数人的脑海中，虎是亚洲最著名的动物。毫无疑问，它是真正的丛林之王，是令任何动物畏惧的掠食者，是无数故事和神话中的传奇英雄！

虎曾经遍及亚洲大陆的各个角落，但是现在仅生活在尼泊尔到马来西亚、西伯利亚到印度尼西亚的几个保护区内，其中最多的种群生活在印度。在世界自然基金会和英迪拉·甘地夫人的共同努力下，1973年印度启动了著名的“虎计划”，推动整个国家建立各种保护区，并在一个组织的管理下保护虎的自然生活状态，减缓虎数量的锐减速度。

今天，印度的虎的数量大约在1400头，其中有1/4都生活在中央邦——印度半岛的地理中心地带。中央邦属于高原地带，环境相对而言保持得比较完整，没有遭受到多少破坏，大部分地区都被浓密的森林覆盖着，而且这里建立有好几个国家公园，保护力度相对较高。根赫（Kanha）国家公园建立于1955年，是印度最大的保护区之一。公园面积达2000平方千米，其中分布着稀树草原、河流、湖泊和婆罗双树林。婆罗双树

本德哈夫格尔国家公园内懒熊的数量已经非常稳定。它们胸前标志性的白色“Y”使它们显得非常独特

斑鹿正注视着面前的婆罗双树林和草地。婆罗双树对这片地区的生态系统尤为重要

叶猴是一种食草性动物，有时也吃水果。但是为了补充营养，它们也吃昆虫和无脊椎动物

是这里的特有树种。在草地和稀树森林之中，生活着好几种鹿，包括披着美丽优雅的白色外衣的白斑鹿、长着粗壮大角的黑鹿，还有根赫国家公园内保存的世界上极度稀少的泽鹿。不需提示，你就能够想象得到，这三种鹿都是虎的掠食对象，2006年，这些鹿的数量只剩下130只。

这个公园还是其他掠食动物的家，包括豹、较小的猫科动物、印度狼（如同《丛林故事》中所讲到的一样），还有野狗。在这个公园内游览，游客甚至还可以看到只吃昆虫和水果的懒熊。

离根赫国家公园不远的地方，还有一座国家公园，这里的虎因存活密度高而闻名于世，这里就是本德哈夫格尔（Bandhavgarh）国家公园。这个国家公园面积达450平方千米，其名取自于古代一座非常美丽的城堡。城堡坐落在高高的峭壁上，看上去如同风景画一般。

如果你想要近距离地观察虎的模样，那么你可以考虑选择在本德哈夫格尔国家公园内旅行。在本德哈夫格尔国家公园流传着这样一句话："在其他公园内，如果你看到了一只虎，那可是你的运气，而在本德哈夫格尔国家公园，如果你连一只虎都没有看到，这可是你的不幸。"

在公园内，你可以看到一只大象正在悠闲地走在森林的小路上，很多猴子在树上撒欢跳跃，而孔雀正炫耀着自己美丽的羽毛。你还能选择驾驶四驱车穿越草原，那里有大群的鹿和蓝牛（亚洲体型最大的羚羊）在吃草，不仅如此，这里还能看到大型猫科动物——虎。

有时，人们对吉普车上满载的举着照相机和摄像机的西方游客们有些失望，因为他们的确破坏了这里如此美丽狂野的风景，其场景与基普林（Kipling）和萨尔加里（Salgari）在书中描述的一样。但是，我们必须认识到，和虎息息相关的旅游观光业正是这些公园和保护区的成功所在。

两只年幼的虎宝宝正在干哈国家公园内的一棵大树上玩耍，它们大概只有5个月左右大

孟加拉虎在中央邦的国家公园内数量最多。与其他大型猫科动物不同，孟加拉虎非常喜欢水，而且是游泳健将

29

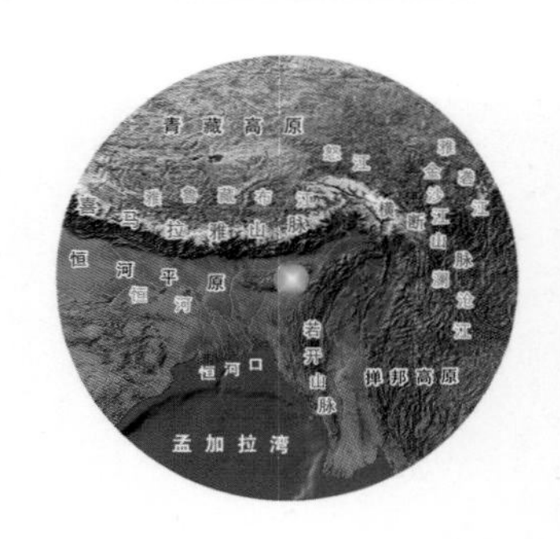

印度犀牛是这个公园的象征

印度

Kaziranga National Park
加济兰加国家公园

多年以前，优雅美丽的28岁美国女郎玛丽·维多利亚·莱特（Mary Victoria Leiter）在印度孟买登陆，受到了人们的热情欢迎。那是1898年的事，那时她刚嫁给寇松勋爵（Lord Curzon），也就是后来的印度总督。

有一天，几个种茶的朋友告诉她，有一种只长一只角的阿萨姆犀牛，是真正的大自然奇迹。“我想看看它们到底是什么样子”，寇松夫人说。接着，她动身前去寻找这种动物。在布拉马普特拉河岸上，她只看到了少量的犀牛。后来，她和她的象奴聊天，突然意识到在这片不可思议的平原和沼泽上保护最后这几只犀牛在此生存的重要性。她态度坚定，她的丈夫，也就是印度总督同意了她的看法。于是，1905年，加济兰加公园（Kaziranga Park）建立了。

100年过去了，加济兰加公园已成为印度最重要的保护区之一。这个公园不断扩大，如今的面积已达430平方千米。

公园位于布拉马普特拉河畔，是一片富饶的冲积平原，距离缅甸的边界线不远。这片土地上，生长着大片繁茂的长草和芦苇，其中点缀着一些高大

金叶猴是亚洲非常稀有的珍贵动物

加济兰加国家公园位于印度的阿萨姆邦。这里是大型亚洲象的家，沿着布拉马普特拉河有很多这样的沼泽地

加济兰加国家公园内的孟加拉虎数量非常稳定。这种神奇的大猫非常善于伪装自己，常常藏身于植物之中

恒河猴在保护区内十分常见，这是亚洲最常见的一种猴，也是全世界范围内数量最多的灵长类动物

的树木，如菩提树和木棉树。这里的风景大部分由水构成，到处都是沼泽地、池塘和草地，每一年，尤其是在印度的季风季节里，这里的洪水都会泛滥一次。而这里，就是印度犀牛的家园。

印度犀牛是三种亚洲犀牛中体型最大的一种，由于世界各地的人们流传着印度犀牛的角有治病和壮阳的神奇功效，致使这种神奇的披着盔甲的史前厚皮动物至今仍遭到捕杀。对于犀牛来说，生活是如此艰辛：犀牛的妊娠期几乎有15个月，犀牛妈妈需要花2年时间照顾一个小宝宝，所以犀牛数量的增长速度相当缓慢。但是在加济兰加公园里，“独角兽”的数量已经有所恢复。尽管寇松夫人时代只有少量的犀牛，但今天，这里的犀牛数量已有1800头，占世界上犀牛总数的2/3。

公园还保护了其他的一些动物。比如孟加拉虎（这里是印度各保护区中虎的密度较高的公园之一）、印度水牛、印度象，还有9种灵长类动物和478种鸟类（本地特有和迁徙而来的）。这里还生活着很多爬行动物，如大鳄鱼和15种蛇类，包括眼镜蛇。

如果寇松夫人知道她的努力使这些动物们能够很好地生活下去，她一定感到非常高兴与欣慰。

在野外，只剩下少量的野生水牛。加济兰加国家公园是它们最后的家园

一只亚洲象妈妈和它的宝宝。亚洲象曾经遍布印度和东南亚，但在最近的几十年内，它们的数量急剧下降。目前野生亚洲象的数量在25 000～32 000头

30

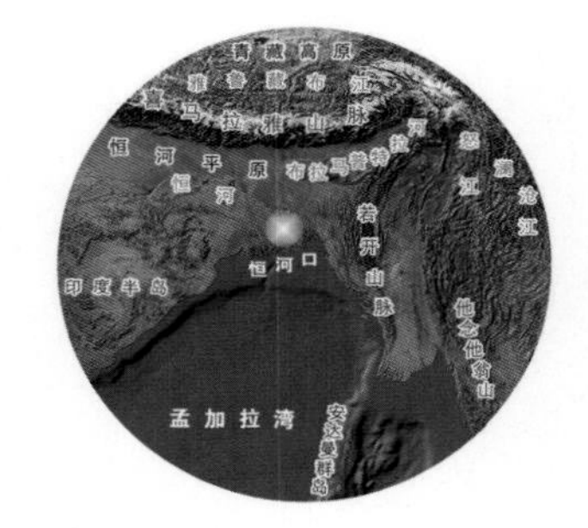

印度—孟加拉国

The Sunderbans Region 孙德尔本地区

欧洲人对红树没有丝毫概念，很多人甚至不能说出这是一种怎样的物种。但是那些生活在热带地区的人们，却对红树相当熟悉。在那些属于热带地区的纬度上，无论从澳大利亚到巴西，还是从尼日利亚到古巴，哪一个国家的海边没有红树稠密的树叶、低矮的树干点缀呢？

红树是一种典型的热带植物，它们的树根总是伸展很长，能够直接深入到海洋深处的土壤中。不仅如此，红树四季常绿，还是几百种动物的家。很多鱼类喜欢将卵产在红树根附近。这种植物的适应能力极强，能够适应高盐度的生活环境、氧气含量少得可怜的土壤以及海浪的冲刷。红树与其他树木最大的不同之处在于它们的出水通气根。这种出水通气根非常值得一提，它是一种垂直的根系，能够从土壤中直接钻出来进行呼吸作用。红树对生态系统的意义重大，无论是对寄生在树上多样化的生物物种而言，还是对生活在海岸边红树组成的防护墙后的居民们来说，都很重要。红树在海啸来临时形成一道天然的屏障，对海浪的侵蚀具有阻碍的作用。

解释了这么多，就是因为如果对于红树没有概念，是想象不出孙德尔本的状况的。孙德尔本拥有世界上

印度和孟加拉国交界处的孙德尔本地区有一大片浓密的森林和盐水沼泽，位于恒河三角洲地势较低的地方

孙德尔本地区的孟加拉虎，现有约400只

孟加拉虎是孙德尔本无可争辩的明星

孟加拉虎具有独特的习性，以水生动物为食，而且非常喜欢待在水里，与印度内陆生活在丛林里的虎完全不一样

面积最大的红树林。这片森林所覆盖的面积为3800平方千米，沿着恒河三角洲无尽的河岸蔓延，其中有40%位于印度境内，其余的60%位于孟加拉国境内。

这是一片动荡的地区，岛屿和河渠随处可见，沿岸的沙滩在孟加拉湾潮水持之以恒的侵蚀、推移和塑造下不断发生着变化。在这里，人口数量密度非常高（仅印度境内的人口就超过400万），这就意味着淡水资源的污染严重，而且水资源的负载压力巨大。不仅如此，河流上游建造的大坝对河流的流水造成阻拦，使得这里的水资源不断减少。这已成为三角洲平原的一个主要的问题，而且这个问题日益严重。

尽管如此，孙德尔本地区在保护措施下，仍然是一块未遭到任何破坏的原始地区，这是极其罕见的一件事情。同样，这里被如此完好地保留下来，是因为这里生活着一种极为不寻常的动物——虎。想要在树林、沼泽错综复杂的小路中穿梭，是一件非常危险的事情，一不小心，就会遭遇突然袭击，甚至死亡的威胁。许多人都相信，如果不是因为有虎的存在，这里的森林早就荡然无存，而同时，老虎又受到森林的庇护。孙德尔本地区的老虎数量有400只左右，是世界上最重要的保护区之一。不仅如此，孙德尔本地区的虎非常与众不同，它们早就适应了红树巨大的根系，如同这里的植物一般令人惊叹。事实上，这巨型猫科动物已经变得——这样说吧，如同两栖动物一般，不仅吃肉，还以水中的鱼和其他水生动物为食，包括青蛙、蜥蜴和鳄鱼。而且，生活在这里的老虎个个都是游泳健将（保持的纪录是一只老虎在7分多钟的时间内游了550米）。

孙德尔本地区的虎的独特之处，还在于它们是少数的被称为“食人”的掠食者。也许是因为海水过高的盐分使得它们的脾气有些暴躁，也许是因为被河水从恒河上游冲到下游又被红树根部拦截的尸体，使它们对人肉的味道有所偏爱，更有可能是它们还没有学会惧怕人类，只是把人类当成另一种可以捕食的动物而已。

31

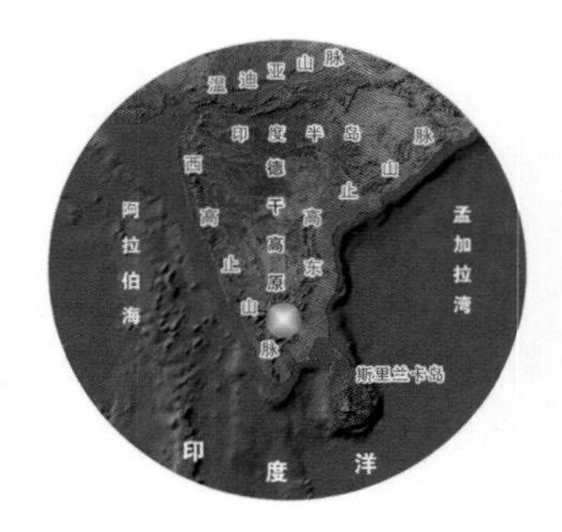

贝里亚尔保护区是60多种哺乳动物的家园，包括数量可观的亚洲象——它们只对湿地和沼泽地区感兴趣

印度

Periyar National Park 贝里亚尔国家公园

在互联网上的任何一个搜索引擎中拼写“贝里亚尔野生生物禁猎区”（Periyar Wildlife Sanctuary）或者“贝里亚尔虎保护区”（Periyar Tiger Reserve），会出现成百上千条信息。一个重要的原因是贝里亚尔是印度游客最多的保护区，而且所有的搜索结果都会指向一个词——生态旅游。

无数网页都会介绍贝里亚尔的生态旅游，让人很容易就能理解印度喀拉拉（Kerala）邦的保护区为何如此闻名遐迩。保护区的官方网站上有一句意义深刻的话：“在生态旅游的基础上，以人为本，以公园为中心，是贝里亚尔虎保护区的信条。”除此之外，上面还列举了各种“生态旅游项目”，包括白天旅行路线指南、森林探险露营、夜间观光、神秘的竹筏漂流（实际上是在一座平静的大湖上乘坐竹筏旅行）。每一年，这里要接待数万名观光客。

当游客纷纷涌入（主要还是印度人，国际游客比较少），一个保护区还能否谈得上是生态旅游——一种崇尚自然并融入资源管理制度的旅行方式？“生态旅游”难道只限于字面的含义？这些问题对于大多数印度保护区而言都至关重要，包括游客数量较多的贝里亚尔国家公园。

贝里亚尔湖湖岸上，一大家子猕猴正在悠闲地漫步。1895年，英国人为了向马杜赖市提供更多的水源，修建了这个湖泊

贝里亚尔保护区的面积777平方千米，位于喀拉拉邦的西高止山脉里

茁壮而茂密的南方植被相对于北方地区而言更加隐秘。在这里，想要看到虎非常困难

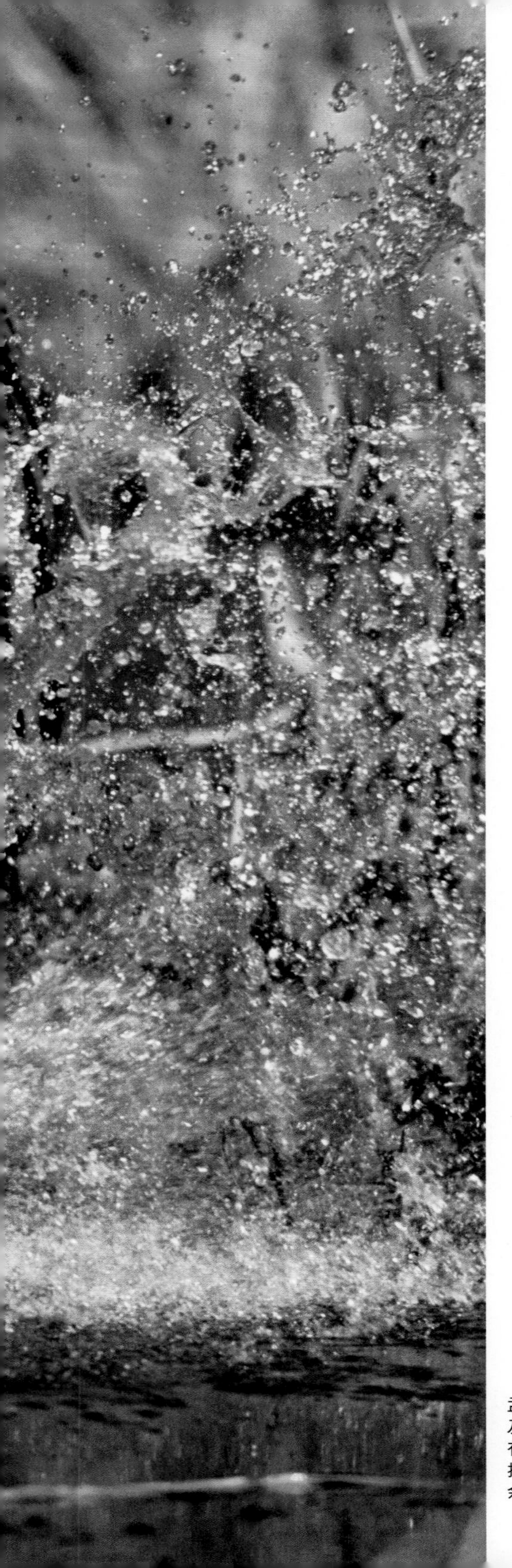

孟加拉虎并不是仅生活在中央邦及周边地带，印度南部各邦中也有很多，例如在卡纳塔克邦和喀拉拉邦的森林中，就生活着300余只

支持保护区的人称，就面积为777平方千米的公园而言，对外开放的面积只占很少的一部分，主要分布在一座名为贝里亚尔湖的周边地带——这里是1895年英国人为马杜赖市（Madurai）设定提供淡水的地方。而禁猎区的中心地区，却任凭虎、亚洲象和其他60种哺乳动物、320种鸟类、45种爬行动物，还有无数种类的昆虫活动，毫无限制，都生活在繁茂的丛林深处——西高止山脉（Western Ghati Mountains）西部地区。那里根本没有游客的侵入。

不仅如此，一些生态旅游项目是由最早的偷猎者组织的，那些人曾经为了生存而在森林中进行一些非法的勾当。这是一个极好的例证，能让当地人更多地参与到保护工作中，证明了保护自然资源能够给人们带来更可观的经济效益。

举一个例子：在一个项目中，妇女们在保护区内檀香木林地的边缘地带巡逻。檀香木是一种经常被偷去走私的木材，这种举止不仅保护了森林，而且也阻止了非法活动。贝里亚尔国家公园的一些反对者不得不另眼看待——公园内幸福生活的动物们和环境保护对于旅游业发展的重要意义。这里建造了太多的旅馆，有着太多的短途湖泊旅行。虽然大量的人群在森林中移动而对动物造成了严重的惊扰，但是那些在非控制区域的偷猎者更会引起游客们密切的关注。贝里亚尔国家公园是一座能够在旅游业和野生动物保护之间寻找到平衡点的一个保护区，毫无疑问，这一个平衡点对于任何一个保护区来说，都是至关重要的。

32

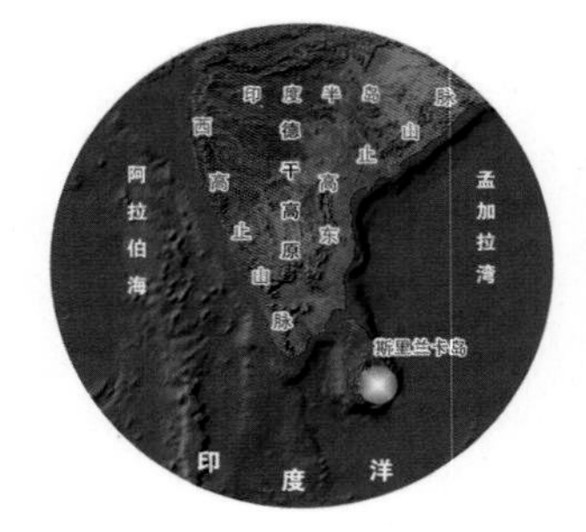

斯里兰卡

Yala National Park
亚勒国家公园

2004年11月26日，东南亚发生了一起历史上最严重的自然灾难。苏门答腊海岸的一次大地震引发了一连串反常的巨大海啸。波浪高15米，波及印度尼西亚、泰国、缅甸、印度以及马尔代夫的海岸沿线，造成难以估计的损害以及人员伤亡。海啸的力量甚至波及索马里和坦桑尼亚。

在这次灾难中，斯里兰卡所遭受的经济损失和人员伤亡非常严重，至少造成5万平民死亡、15万平民无家可归。巨大的海啸冲击着这个岛屿的东部和南部沿岸，危害向内陆延伸2000米。通常情况下，媒体和国际救援组织只关心人类的情况，但是这场可怕的灾难对自然也造成了严重的损害。

举一个例子，位于斯里兰卡南部，最漂亮，也是最大的保护区——亚勒国家公园（Yala National Park，面积约1000平方千米），遭受到非常严重的毁坏。沿岸地区的洪水毁坏了无数树木，许多植物都被洪水冲走。一些公园的工作人员和居住在海岸旅社的一个由22名日本人组成的观光团全部遇难。尽管如此，公园内很少发现动物遗体，岛上大象和豹的数目众多，却没有发现任何遗骸。

清理岛上碎片的残骸时，救援人员发现动物

黎明时，一只雄性印度孔雀站在树上一展那动听的歌喉——这是为了吸引雌孔雀。孔雀早在中世纪就已经定居在喜马拉雅山脉的山脚下，在南亚次大陆是一种十分常见的动物

亚勒国家公园位于斯里兰卡南部的海岸上。这个公园是岛上知名度最高、访问游客数量最多的一个公园，同时，它还保护着大片的海岸植被

斯里兰卡的森林中，生活着许多亚洲象群，它们在森林深处的湖泊中喝水嬉戏

印度水牛简直都不能离开水而生活。它们最喜欢的自由自在的生活就是——一天能够泡几次澡

们似乎全部消失。原因是什么呢？人们流传了好几种说法。很多科学家认为大部分动物居住在亚勒内陆地区，有大量的植物和丰富的淡水资源，非常安全。还有人相信公园中的动物能够“感应”到海啸的来临，在海啸到达之前就已经安全撤离。事实上，许多动物都能够感觉到地震活动产生的能量脉冲，尤其是大象。研究证明，大象能在相隔很远的距离内相互联系，而且能够听到人类根本无法察觉的声响。而蜥蜴和蛇在感觉到地震能量脉冲后常常爬到树上得以生存。所以地震发生时都或多或少地能给动物们一个警示，让它们得以离开这个地区。而这种地震的警示信号也能由鸟类传递给其他飞行者，使它们在海啸巨浪到达之前就逃离到安全之地。

亚勒国家公园的海岸生态系统现在已经恢复得差不多了。这次事件证明了自然灾难对一片面积较大而多山的动物栖息地（没有完全淹没）的影响只是临时而非永久。植物迅速生长并恢复原样，海岸沙丘重现，淡水池在雨后回到原状，而随后盐度会有所升高。所有的动物们在躲避海难一段时间后，都逐渐回归自己的家园。

今天，公园内仍未恢复的只有一些树木，除此以外，还是像从前一样令人神往。亚洲象、印度孔雀、树獭以及豹子，都会出现在布满奇异岩石的淡水湖边、森林中散布的小块空地上，或是点缀着荆棘丛的草地上供人欣赏。

鳄鱼是斯里兰卡、印度以及周围国家常见的动物。它们总是喜欢停留在泥泞的沼泽中

一只懒熊仅靠后肢站了起来。它们是夜间动物，其余大部分时间都在树上待着，喜食蚂蚁和昆虫。因为它们非常喜爱蜂蜜的甜味，还被称为“蜂蜜熊”

亚勒国家公园内，三只灰色的叶猴在树上休息

亚勒国家公园是世界上最珍稀的动物——豹的家园。如中央邦生活的虎一样，这种亚勒大猫已经逐渐适应了游客的吉普车。近年来对斯里兰卡豹的研究显示，这是一种珍稀的亚种豹，与印度豹不同，这里的豹体型更大

33

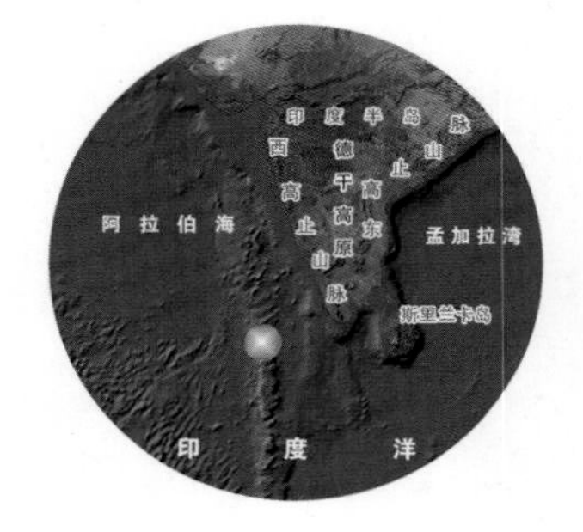

马尔代夫群岛大约由1000个岛屿组成，位于斯里兰卡以西700千米的地方

马尔代夫

The Maldives Atolls 马尔代夫环礁

长相出众的鹦嘴鱼是马尔代夫特有的物种，它们长着尖尖的鸟嘴，用来咀嚼珊瑚，脑袋上还顶着一个大肿块；颜色异常醒目的天使鱼游弋在一大群红色燕尾光鳃雀鲷中，显得十分威严；一夫一妻制的蝴蝶鱼成双成对地在海中漫游，挥舞着长长的像旗子般的背鳍，优雅地向前滑行；花斑拟鳞鲀常常喜欢集体行动，它们是一群长相很不寻常的鱼类；大胆无畏的金枪鱼在石珊瑚中度过大部分时间，它们对自己健壮身体的防护显得自信十足；小丑鱼从海葵的触手中露出来，它们毫不担心自己的安全，没有任何掠食者能够逃过海葵螫针……

我们可以一页又一页地慢慢描述马尔代夫繁茂精彩的海底世界，这里每年都吸引着成千上万潜水爱好者前来——马尔代夫的珊瑚礁任何人都很容易进出。当潜水者到达印度洋的中心，看到无数壮丽的形态各异的珊瑚以及千奇百怪的热带海洋生物时，没有一个人不会兴奋起来。

马尔代夫群岛包括由990座珊瑚岛（另有人认为实际有1192座）组成的26座环礁。其中大约200座岛屿上有人居住，人口总数达到30万。达尔文解释说，这个群岛是数千年前一条火山山脉沉没于海洋深处而形成的。有很多礁石仍然是原始火山遗

马尔代夫群岛大约只有20%的岛屿有人居住

马尔代夫群岛被认为是世界上最低平的岛屿，所有的岛屿海拔平均为2.3米。由于温度的变化，群岛面临着被海水淹没的危险

留下来的，组成了环礁的边缘部分，形成环礁湖，湖中还有很多岛屿。而岛上的沙滩则形成于火山口盆地中。这个过程是马尔代夫群岛的标志和特点，在世界上其他地方也会发生。这些岛屿都有着超过百万年的古老历史，从而拥有难以置信的柔软而洁白的沙滩，使马尔代夫扬名世界。

除了几百万年前的火山爆发，鹦嘴鱼也是创造这片沙滩的功臣，因为它们以珊瑚为食，排泄出一团团小小的颗粒。马尔代夫的命运非常富于戏剧性，群岛形成的地质时代早已成为历史，但是在最近40年的时间里，它们才逐步成为热带海洋度假天堂的标志。直到20世纪70年代，几乎没有人认为马尔代夫群岛会成为旅游目的地。

今天，马尔代夫群岛已经成为一个非常时尚的旅行目的地，以健康的休闲度假胜地闻名遐迩。世界各地介绍马尔代夫群岛的宣传册上都说这里拥有一切休闲度假活动，并且欢迎新婚夫妇在这里欢度蜜月。贵宾们纷纷低调前来度假，同样，这里也受到家庭和儿童的欢迎。尽管如此，马尔代夫群岛近千座岛屿之中，只有90座被开发成为旅游目的地，其他很多岛屿都未被人类碰触过，也未遭受过外面世界的污染。当地政府非常有远见，他们努力在发展工业与保护群岛的自然环境及文化遗产的关系中保持平衡。

马尔代夫群岛是由海洋潮汐所带来的珊瑚砂聚集在一起而形成的。珊瑚砂到达一定的厚度之后，被海水冲上岸的椰树种子开始在这片土地上繁殖

清澈透明的海水和美丽的珊瑚岛屿

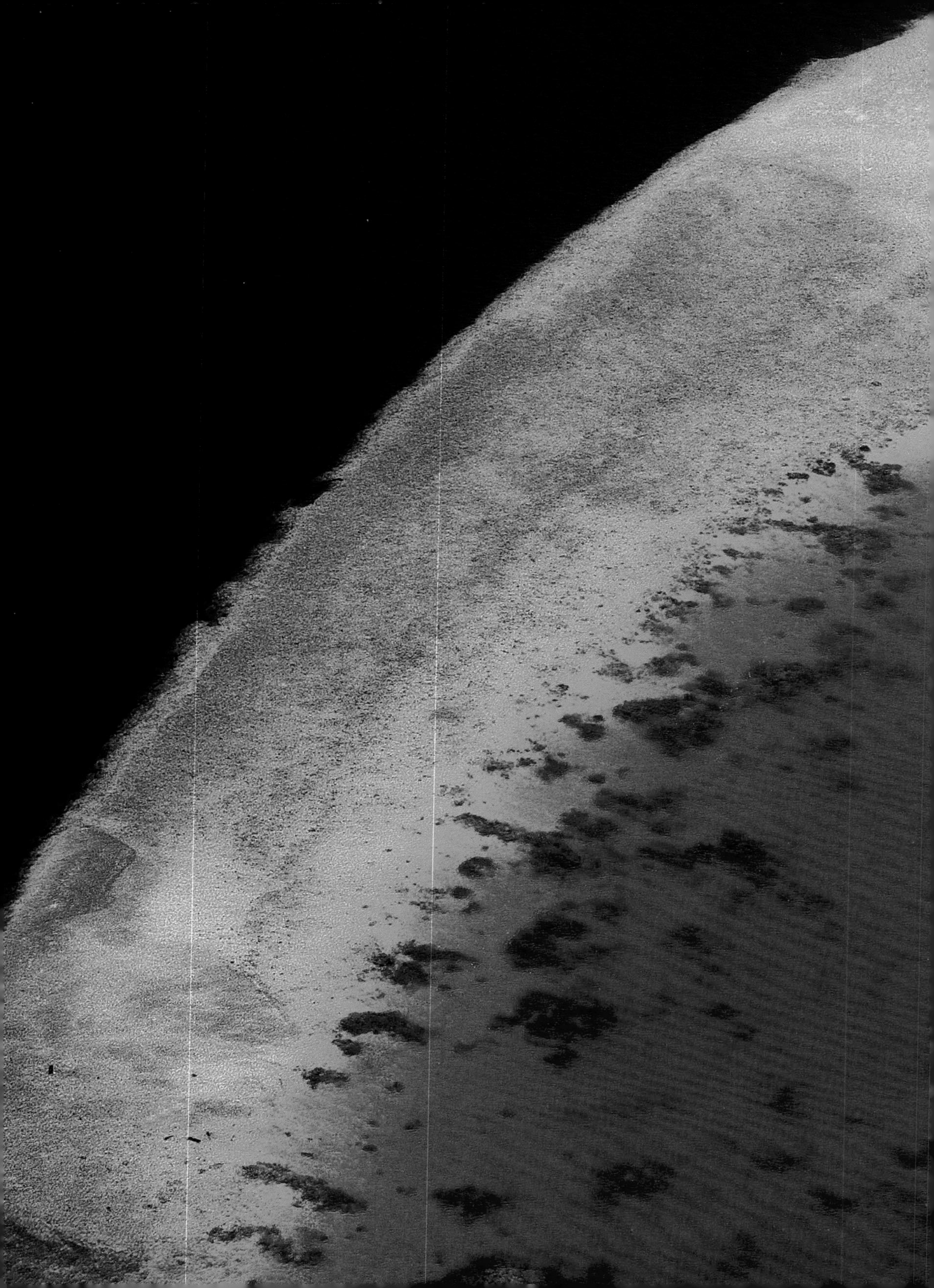

马尔代夫群岛中的一座岛屿，周围的海洋呈现出大海种种微妙的色彩，而这些颜色随着海洋的深度和珊瑚礁的分布而变化。有时浮出水面的珊瑚礁会形成一座天然的环礁湖，而其中的沙子则不断沉淀，高度逐渐增加。环礁湖的湖水与大海相比，往往呈现出一种与众不同的蓝色。环礁湖与大海之间深处的沟壑被称为“通道”

居氏胡椒鲷，又称为东方石鲈或红花旦，有一种磨牙的能力，而且在游泳时，还能发出奇异的声响

叉纹蝴蝶鱼，又被称为红尾珠蝶。它们生活在珊瑚礁周围，以珊瑚为食

黑斑条尾魟在印度洋很常见。它是鳐的一种，喜爱在大型珊瑚礁上方活动

黑白关刀鱼，又称为头巾蝶鱼，是一种非常社会化的鱼类，以群居形式生活在一起

这种小丑鱼属于鲈形目雀鲷科。它们总是躲在海葵之中，那色彩缤纷的外表，几乎成为海葵的象征。小丑鱼以海葵吃剩的食物为食，对于海葵而言，那些都是无法消化并且对身体有害的食物，同时小丑鱼也担负起清洁打扫之职，为海葵除去泥土、其他杂物和寄生虫。而海葵那满是毒刺的触手，又能帮助小丑鱼避免任何袭击，几乎没有其他鱼类能够靠近小丑鱼。海葵和小丑鱼共同生活在一起，偶尔也为小丑鱼提供养料

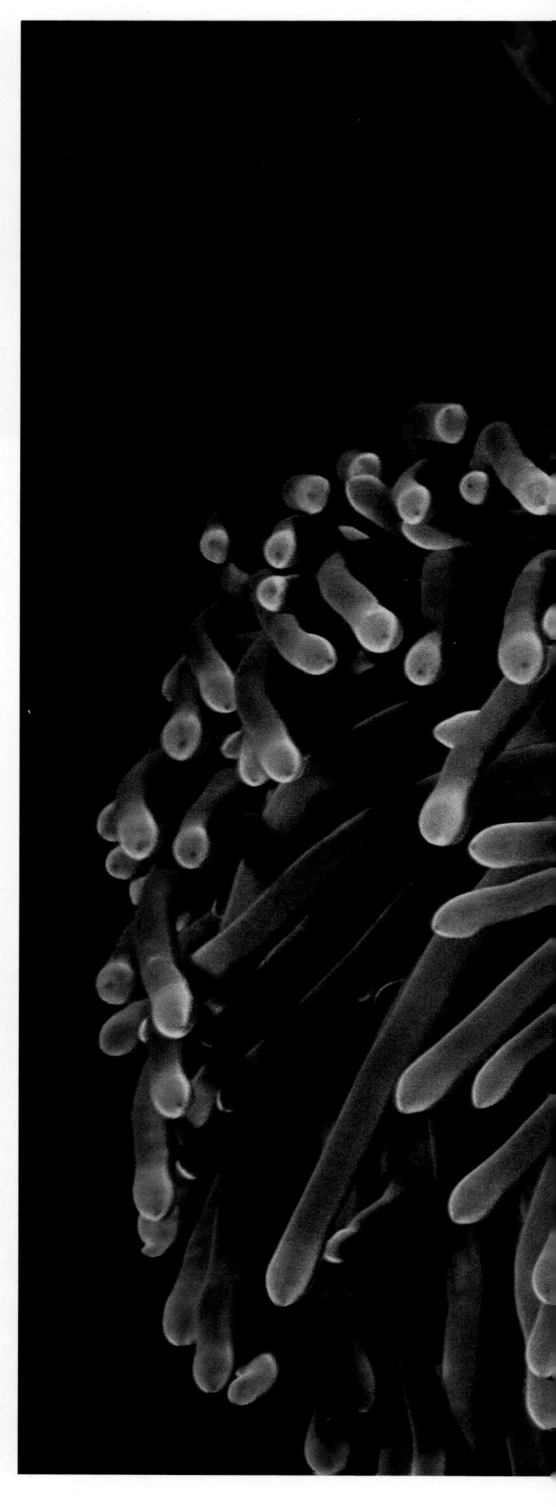

海底世界的一大群五线笛鲷。它们是众多真鲷科鱼类中的一种，生活在印度洋深处

34

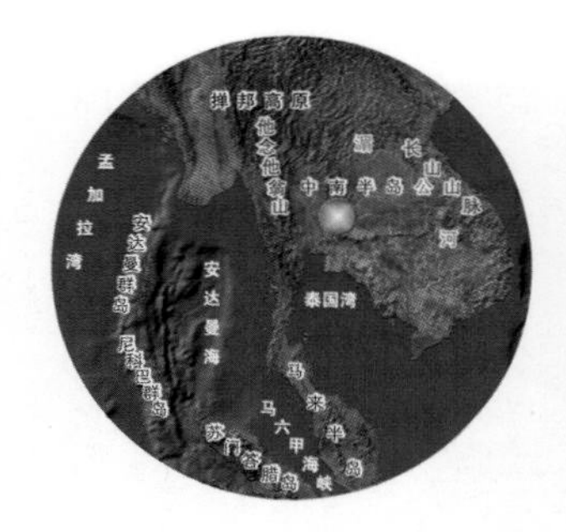

泰国

Khao Yai National Park
艾山国家公园

熊狸、懒猴、麝猫、犀鸟、麝鹿……有谁能够一提及这些动物就马上想起它们的模样？除了虎、大象和猩猩，东南亚还生活着更多的野生动物，而且并没有多少人知道它们的存在。关于这些野生动物的资料非常少，不仅如此，想要看到它们都是一件很困难的事情。而且这些野生动物并不像它们远在非洲和美洲大陆的远亲们那样能够引起轰动，也就是说，这些野生动物的保护情况目前非常糟糕。

尽管如此，生活在泰国、老挝、柬埔寨、越南和缅甸森林中的野生动物们，其数量还是相当惊人，而且都非常独特有趣，常常会令人忘情于此而不知返。

让我们来谈谈著名的白掌长臂猿，这是一种手臂特长的灵长类动物，它从一棵树跳到另一棵树上的技巧令人叫绝。在这个世界上，没有哪一种哺乳类动物能够如此迅速地移动（当然除了蝙蝠和鼯鼠）。

或者我们可以谈谈巨大的犀鸟，这是一种巨型鸟，能够给人留下非常深刻的印象。它那充满力量的黄色鸟喙以及头上巨大的“护头盔”，甚至是繁殖方式都非常独特和神奇。雄鸟为雌鸟建造一座几乎全封闭的鸟巢，仅通过一个小洞来传递食物，直

艾山国家公园是泰国建立的第一座国家公园，目的是为了保护这里的自然生物多样性

犀鸟的喙非常独特，而且头上还长
有特殊的犀角

白掌猿，也被称为白掌长臂猿，当它们喝水时，从来都是用长长的胳膊伸到水中捧水送到嘴边

到它们的幼鸟具备飞翔的能力之后，它们才放弃这个鸟巢。

哦，对了，我们当然不能忘记小巧的麝鹿，这是世界上体型最小的有蹄类动物，这只小小的鹿的肩高仅有20厘米，头上没有犄角，而且它的上齿直接从嘴里向外突出。

为了保护这富饶的野生生物资源，东南亚的国家建立了很多国家公园和保护区。这里尤其值得一提的是泰国，该国常常将保护区放在首先考虑的位置。艾山国家公园在该国的东北方向，从曼谷开车大概只需要两个小时就能到达。这里是森林野生生物保护做得最好的地区之一。

艾山国家公园建于1962年，"艾山"字面的意思是"大山"，这片地区到处都是山地地形（海拔1350米），覆盖着繁茂的植被，包括草地以及四种不同的森林：前两种是于低海拔地区的干燥常绿林和干燥落叶林，主要由龙脑香料树和竹子组成；第三种是位于中间地带、潮湿的热带常绿林，几乎占公园整个面积的70%；第四种是海拔1000米的丘陵常绿林，由一些较矮小的树木构成，包括羊齿植物、地衣植物和附生植物。

豚尾猴也被称为猪尾猴，它们住在森林中，以水果为食。艾山国家公园内的植被大部分是常绿植物

2005年，因为在这片地区生活的所有野生生物，联合国教科文组织将栋帕亚因山–艾山森林（Dong Phayayen-Khao Yai）定为世界遗产保护区，另外还包括附近的4处保护区。

艾山为游客们提供各种服务和设施，包括森林中宽阔的小路，人们可以很容易地参观著名的西夫苏瓦特（Haew Suwat）瀑布，探查克莱奥（Khao Khleo）峰的高度。尤其是站在侬帕克奇（Nong Pak Chee）观景塔上，人们可以观赏到各种不同的动物。这个公园还提供一种夜间考察旅游方式，如果你足够幸运，你可以发现一只真正的麝猫（看上去有点像一只脸较长的猫咪）、苗条的懒猴（不过是长着一双大眼睛的小型灵长类动物），甚至是一只熊狸（一种奇怪的动物，半熊半猫的长相）。

艾山国家公园的热带植被非常茂盛，占保护区70%的面积，大约2000平方千米

对于菌类植物而言，腐朽的植物是最好的营养物质。浓密的森林阻止阳光射入深处，从而妨碍了矮树丛的生长

麝鹿的体型与一只兔子差不多大，这是世界上最小型的有蹄类哺乳动物。雄性麝鹿长有能够保护自己的上犬齿，但是没有任何触角

35

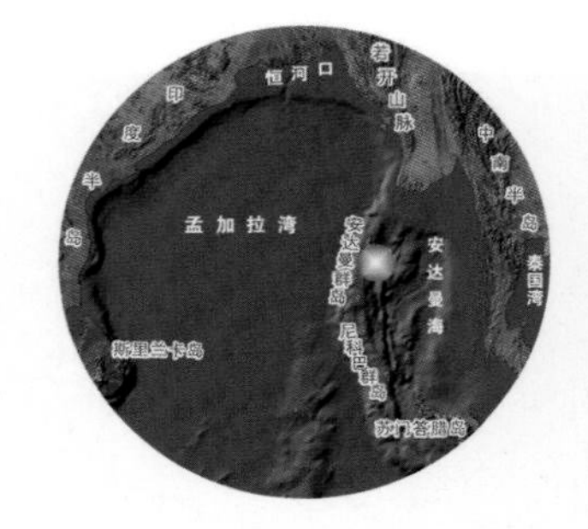

泰国

Phi Phi National Park
披披群岛国家公园

演员莱昂纳多·迪·卡普里奥（Leonardo di Caprio）在美丽的小披披岛上拍摄电影《海滩》（*Beach*）期间，世界上所有的环保主义者都感到非常愤慨。怎么能让这么重要和美丽的自然保护区交付给电影产业"托管"，而且对于他们一点控制也没有，甚至连一点环境影响的评估都不谈？有人声称，这一切与贿赂相关，人类的娱乐炒作与盲目关注，尤其是电影摄制组的入驻，将会对这里的环境造成非常严重的损害。但是电影摄制组却声称，环保主义者太过于紧张而散布谣言、夸大其词。

当电影登陆各大影院时，海滩上已经涌满了人群，人们被玛雅海滩（Maya Beach）那纯净无瑕的美惊呆了。自2000年电影上映之后，前来玛雅海滩度假的人群远远比之前任何一个时期都多得多。这里离泰国海滩只有50千米的路程，从普吉岛（Phuket）到甲米（Krabi）府，人们排着队，争先恐后地等待着船只到达海滩。

那令人眼花缭乱的珊瑚礁中栖息的色彩鲜亮的鱼群的命运开始发生转折——它们不得不忍受从众多船只抛下的锚，还有大量扔进海洋中的垃圾。

大披披岛上显得更加拥挤一些，这里的悬崖高

披披群岛位于泰国境内，由两个主要的岛屿——大披披岛和小披披岛组成。当然，其中还包含很多小的珊瑚礁岛。细长的地峡两边，是两湾明镜般的海水，这是大披披岛上最亮丽的风景线

小披披岛是披披群岛最著名的岛屿，玛雅海滩包围在高大的悬崖之

黑白关刀鱼，又被称为头巾蝶鱼，是印度洋最常见的一种鱼类

大而陡峭，没有多少可以开发的土地供游客们使用，而且遍地都是塑料袋和烟蒂。

2004年年底，巨大的海啸袭击了这个岛屿，所有的旅游活动都被迫停止。今天，无论谁抵达披披岛的两个岛屿（大披披岛和小披披岛）都会发现，这里的环境再一次变得舒适恬静。自然的恢复能力超乎意料的强大。印度洋的海水又一次变得清澈而明亮，在海面上，甚至能一眼望及海底。那曾经被海啸卷走的植物们，在热带气候的滋养下，又一次在岛上枝叶繁盛。爪哇金丝燕（形态与普通燕子相似）从来就没有停止过在小披披岛上的维京洞穴（Viking Cave）中筑巢，而那些收集燕窝的人可以继续不断地为市场上提供珍贵的燕窝。人们在自然恢复的同时也变得越来越繁忙。大披披岛上洁白如月的海滩上现在已经没有了垃圾，人们修建了许多漂亮雅致的阳台海景房，海滩上四处都能看到沙滩伞。玛雅海滩又一次成为旅行者们眼中的热度景点之一，从全世界各地赶到这里的人们都为了一睹披披岛的芳容。覆盖着繁茂的绿色植被的悬崖从岸上直直地插入海水中，显得异常壮观。潜水爱好者们到达海底，看到曾经被污染的海底所遗留下的碎片已被清理干净，异常美丽动人的珊瑚森林中，游弋着体态各异的鱼类。好好享受这美景吧！这里的旅游业在积极地重建，并随着时代的前行而不断进步。那么，是否可以说，一切又回到了正常？在上一次巨大的海啸发生之后的几个月，一些人试图提出一项计划，以便控制游客的人数和建设的规模。

为什么不让这一次灾害作为一次平衡自然环境和旅游业发展的一个新起点呢？为什么不能再给披披群岛一次机会？尽管这个计划在投资商们的压力下遭到失败，但是人们从经验中还是学会了许多东西，使重建工作与以前“极度不和谐的生态关系”完全不同。而正是这一点进步，拯救了美丽无瑕的披披岛。

安达曼海中五彩缤纷的珊瑚和食虫植物。安达曼海是印度洋的一部分，从缅甸延伸到泰国和印尼苏门答腊岛。安达曼海中的岛屿大多被珊瑚礁所包围

下龙湾位于越南北部地区，离中国边界很近。高大的岩石岛屿是由片岩和砂岩组成。巨大的岩石直接插入东京湾的海底，构成一幅奇特的风景。在1500平方千米的海域上，分布着大大小小2000多个小岛：这在世界上其他地方无法欣赏到

为了能够更好地欣赏下龙湾的风光，很多游客乘坐越南渔民的渔船游览，但不允许登上吉婆岛进入镇、村参观。沿海大约有居民1600名左右，他们很多在水上村庄居住。岛上的村庄以万湾（Cua Van）最大，有120个住户

的桂林和泰国的攀牙湾。

“下龙”（Ha Long）的意思是“龙潜入海之所”。传说中，居住在这个国家的越（Viet）和他北部强敌之间曾发生过一场非常残酷的战争，而战场就是这座海湾所在之地。为了拯救被打败的越，玉帝派遣天上的龙和龙的儿子一同来到人间。龙的嘴里吐出无数珍珠，珍珠落入海中后，马上变成一座座岛屿和石山。这些岛屿和石山的尖峰太过锋利，所以阻挡住了越的敌人。两条龙非常喜欢自己创造出的地方，便决定待在海水的深处。这就是海湾名字的来历。于是，直到今天仍有渔夫发誓说，他们看到过一个从下往上喷出水柱的海怪。

在这里，最适合游客游览欣赏山峰和岛屿（常常因为它们奇妙的形状而命名，比如神龙、公鸡、小鸡、香炉）的方式就是乘坐游船。游客们可以在惊讶洞（Hang Sung Sot）和木头洞（Hang Dar Go）两处景点下船探洞，洞中的石灰岩造型非常独特，人们可以轻易辨认出佛陀、舞动的凤凰、休憩的狮子。

游客还能参观吉婆（Cat Ba）岛——一处专门为富人开放的度假胜地。同时，吉婆岛还于1986年建为国家公园，联合国教科文组织认为，这里是一处非常重要的生物圈保留地。在被侵蚀的高高的悬崖上，覆盖着繁茂的植物，这里保护着世界上濒临灭绝的灵长类动物种群——视力非常好的金头龄猴。根据最近的记录，龄猴的数量只剩下50～60只。这种体型较小的灵长类动物面临着比老虎、大猩猩、犀牛更危险的处境。但是，也许因为它们温和的举止、娇小的外表，或者它们生活的地方是如此的偏僻，它们的处境一直鲜为人知。

37

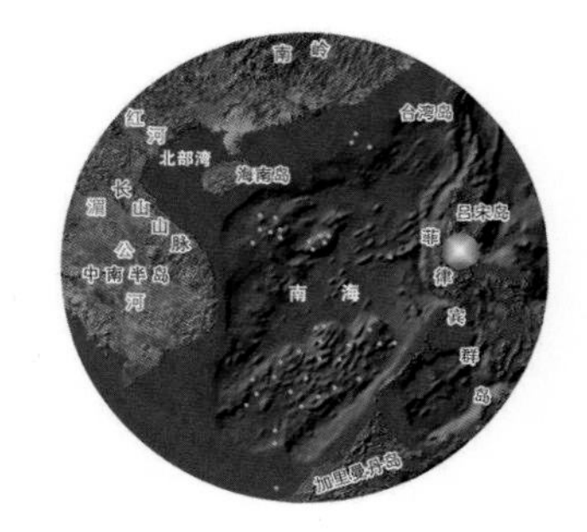

菲律宾

Luzon Island
吕宋岛

这个公园内动植物的统计数字非常惊人：植物种类9253种（其中有6091种是本地特有物种），哺乳动物167种（其中有102种是本地特有物种），鸟类种类535种（其中有186种是本地特有物种），爬行动物种类237种（其中有60种是本地特有物种），两栖动物种类89种（其中有76种是本地特有物种）。其中有一种动物种类世界上绝无仅有。

曾有人将马德雷山脉（Sierra Madre）形容为一个真正无可比拟的天堂，一个对于生物学家来说真正的“热点”地区。这里的生物多样性对于整个世界来说尤为重要，尤其是许多非常稀少的动植物。这种奇特的生物多样性是由于菲律宾群岛长期被大陆孤立在外，所以常常会发现许多其他地方没有的新物种。菲律宾群岛因此闻名于世。

举一个例子，在最近的10年中，有16种新的哺乳动物在此被确认。在这里还有其他许多丰富的野生动物资源，足够作为该国的国宝与标志性物种，比如菲律宾鳄鱼，这是一种只生活在热带雨林淡水河流中的稀有鳄鱼品种；还有鬃毛利齿狐蝠，这是世界上体型最大的蝙蝠品种，其展翼长1.7米。菲律宾群岛包括7107个岛屿，几乎每一座岛屿上都有特

吕宋岛的特征是茂密的热带植被，尤其是岛的东北部，那里坐落着马德雷山脉

菲律宾果蝠（鬃毛利齿狐蝠）是菲律宾最著名的蝙蝠，它的翼展达到1.7米

皮纳图博火山位于吕宋岛北部，在1991年的一次喷发之前海拔高度为1745米，之后高度变为1486米

马荣火山那极为对称的身影。在最近400年内，这座火山共计喷发了45次，是菲律宾群岛上最活跃的火山

有的动植物物种。

这本书，常常为某个“自然奇迹”的“热点地区”选取一个非常独特的动物作为描述对象，而且这种动物的栖息地最能代表物种多样性。而本文所介绍的地方，对于整个菲律宾环境保护运动来说都具有特别的推动意义。

吕宋岛（Luzon）是菲律宾最大的岛屿。在岛东北部的海岸上，有一条山脉，称为马德雷山脉。这条山脉崎岖不平、岩石耸立、地质奇特，山脉上覆盖着浓密的热带植被，并且用海岸线和其他岛上的省区隔开来。大块的石山直接插入海洋，形成一道壮丽的风景线。

北部地区建立的保护区是群岛上最大的保护区，其面积3600平方千米，名为北马德雷山脉自然公园（Northern Sierra Madre Natural Park）。这里没有公路，也没有任何旅游服务设施，更没有关于此处野生动物数量的官方数据，但是“荒野”一词完全可以形容这里的奇绝风貌。

在云雾缭绕的山峰和苔藓覆盖的树林里，生活着世界上最稀有、体型最大的鸟类之一——菲律宾鹰，它也是菲律宾国家的象征。统计显示，在吕宋岛、棉兰老岛（Mindanao）以及一些较小的岛屿上，分布着350～670只菲律宾鹰。这种鹰也称为“食猿雕”，因为人们误认为它以猿类为食，实际上，它更偏爱蛇、蝙蝠和小型哺乳动物。菲律宾鹰的体型巨大，最大翼展2米，最大重量7千克，是世界上最大的鸟类掠食者之一。它的外表气派威严——灰色的犀利的眼睛，头冠上的羽毛高高竖起，看上去犹如狮子的鬃毛，英姿飒爽，不怒自威。但这种鸟的繁殖能力非常低，尽管在过去的20年中人类做出了很多努力，但还是只能通过保护这片森林，才能保证它们的生存与繁衍。

食猿雕是世界上最濒危鸟类之一，是自然保护区国家级的象征性鸟类。它头上坚硬的羽毛能够随意愿而竖起

38

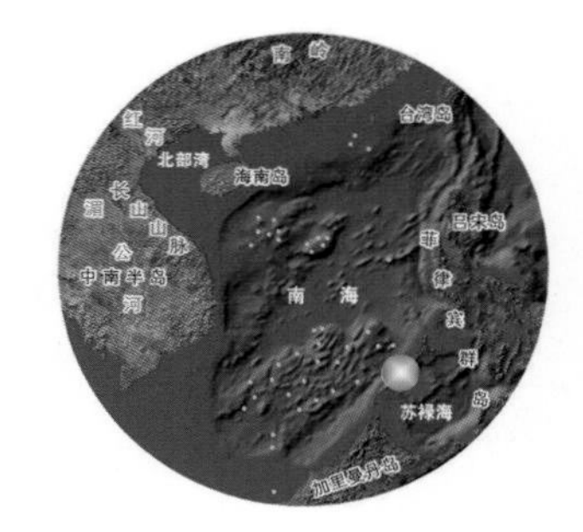

菲律宾

Palawan Island and El Nido Marine Reserve
巴拉望岛与埃尔尼多海洋保护区

巴拉望（Palawan）也许是菲律宾最特殊的一个省，诸多原因令巴拉望与众不同。其中最明显的不同之处就是它的位置：构成这个省份的是由一个个狭长岛屿作为主岛的小型群岛，1768年起称为巴拉望群岛。它跟菲律宾其他省份不同，不采取南北朝向，而是从东北指向西南，如同一座天然的桥梁，连接起加里曼丹岛（在地图上你会轻而易举地看到，而不需要此处赘述）。

巴拉望的动植物物种特点和菲律宾群岛的其他岛屿大为迥异，而且更接近东南亚。举一个例子，小爪水獭遍及巴拉望岛各个地方，而在吕宋岛和棉兰老岛上却看不见它们的身影。仅从这一点上，就能看出菲律宾群岛各个岛屿的地质形成原因是各不相同的，有些是“近代”从亚洲大陆分离开来（这里的“近代”是一个地质学术语，至少是百万年），而成为菲律宾群岛的一部分。巴拉望岛直到现在，仍然是一块没有被人类完全占据的地方。这里的居住人口大约只有70万，人类的生活地区大约

埃尔尼多海洋保护区位于巴拉望岛的北部，面积包括拜卡湾周围39个岛屿

米尼洛克岛是埃尔尼多海洋保护区内最著名的岛屿。岛屿上石灰岩山峰和水晶般璀璨透亮的海水吸引着大量的游客前来参观，在保护区内只有两个度假村，其他的度假胜地都坐落在拉根岛上

埃尔尼多的悬崖由厚厚的珊瑚沉积物组成

皮纳布余塔岛是拜卡湾最上镜的岛屿之一

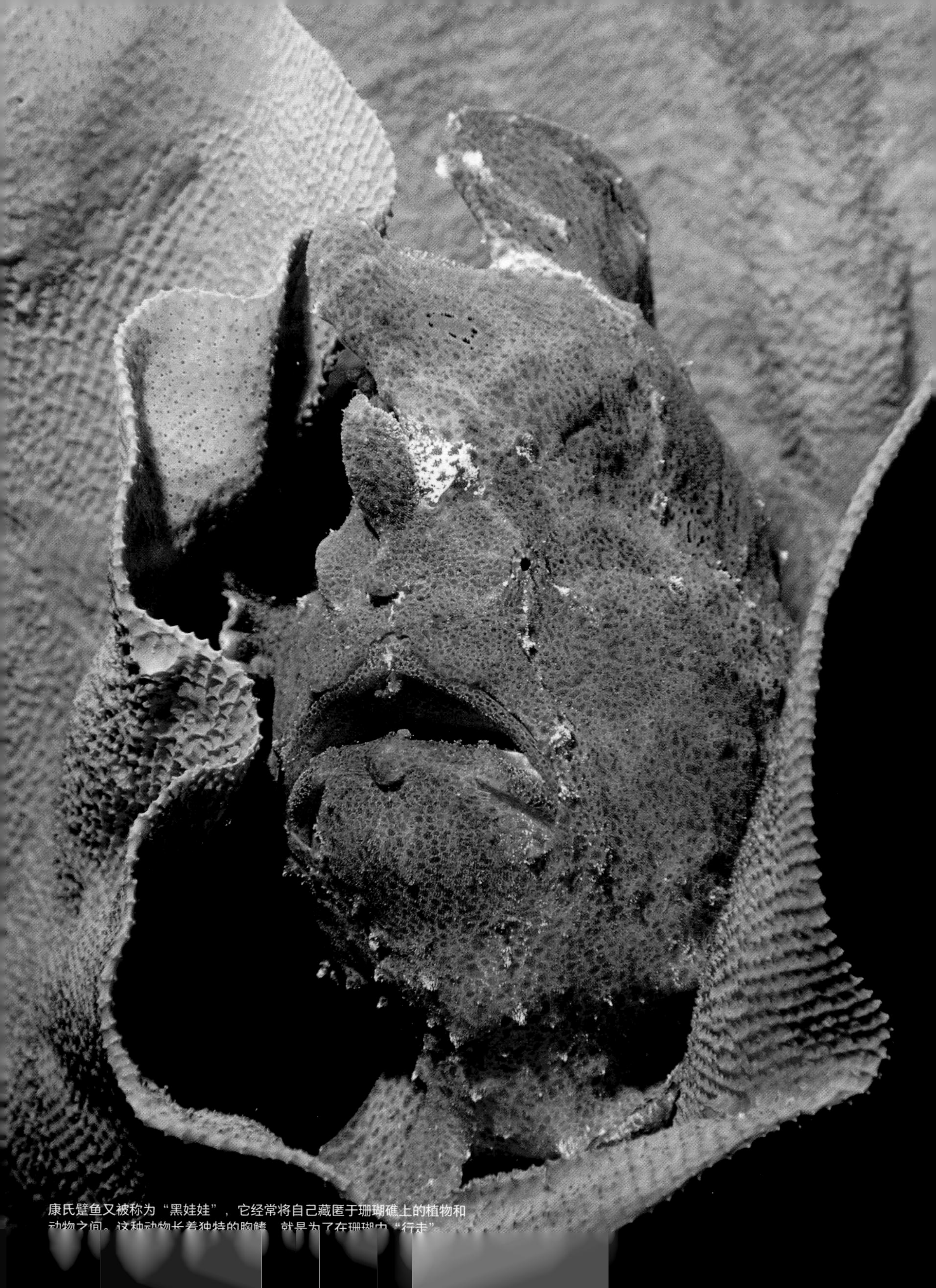

康氏躄鱼又被称为“黑娃娃”，它经常将自己藏匿于珊瑚礁上的植物和动物之间。这种动物长着独特的胸鳍，就是为了在珊瑚中“行走”。

小丑鱼生活在海葵触角的保护中，它们之间的友谊非常独特

只有1.5万平方千米。岛上2/3都覆盖着茂密的热带森林。而环绕岛屿的大海中，是一大片广阔的珊瑚礁，其海底动物资源相当丰富，几乎超过人类的想象（在这里新近发现的20种鱼类还没有命名）。在过去短短的几年内，环境保护重点项目才开始实施，并赢得了全世界的认可和称赞，巴拉望岛因此被人们称为“生态旅游的最后胜地”。巴拉望值得一提的是位于岛北部的埃尔尼多海洋保护区（El Nido Marine Reserve）。

在宽广的拜卡湾（Baicut Bay）中，点缀着39座小岛，其中有7座面积超过100公顷。这里的景色相当优美，有些地方甚至能够看到类似越南下龙湾的景象：高耸的石灰山峰经由海水和大气的侵蚀显得奇绝异常。而有些地方又与泰国的披披岛相像，那白色的沙滩坐落在垂直而陡峭的悬崖下，富饶的植被覆盖着海滨地区。

埃尔尼多的游客比上述两个景点的要少很多，这是因为游客数量在这里已被严格地控制起来，任何新兴的建筑都只能谨慎遵从整个环境的和谐以及持续发展的需要。比如，米尼洛克岛（Miniloc）和拉根岛（Langen）的度假设施只能将污水净化后才能排入海中，而且在海洋和岸上，观光者们都不能留下任何垃圾。这项政策于1984年开始实施，当时这片保护地刚刚建立起来，主要是保护4种龟类：玳瑁、太平洋丽龟、绿龟和大海龟。这个保护区建立之后，保护区内所有的生态环境系统都受益于这项保护政策。

现在，这里生活着许多的海龟、儒艮和海豚，曾经开发过度的鱼类数量也在逐渐上升，并且达到非常充足的程度。同时，为了恢复这里被鱼类破坏的珊瑚，埃尔尼多附近的海域中修建了上千种人造生态礁——世界上第一种人类生产的珊瑚礁。这是一种用陶瓷做的珊瑚礁，pH呈中性（这与世界上制作障碍物所使用的材料完全不一样），而且生态礁不会释放出毒素，是珊瑚落脚的好地方，也是无脊椎动物们的理想定居所。这是一项意义非常重大的试验，同时，也使得埃尔尼多成为世界海洋保护区中最重要的一处风景。

许多动物都将自己伪装在珊瑚礁后面，以迷惑自己的猎物。照片中的长须狮子鱼就生活在珊瑚之中

39

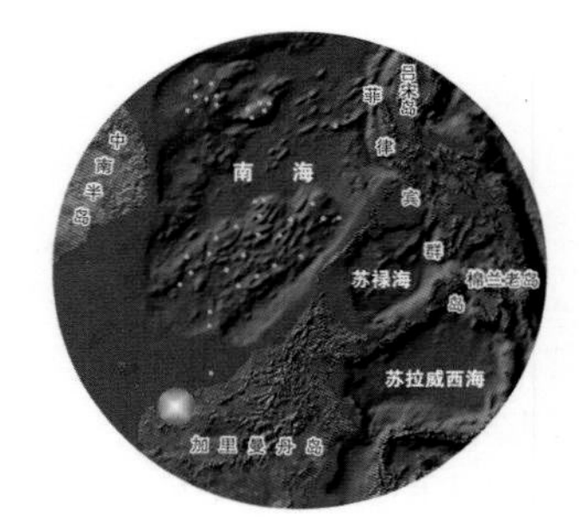

穆卢山国家公园内的石灰岩尖峰是东南亚最令人称奇的自然风光

马来西亚

Sarawak National Parks 沙捞越的国家公园

毫无疑问，沙捞越是一个充满奇迹的地方。沙捞越是马来西亚最大的州，位于加里曼丹岛的北部，面积约12.45万平方千米。沙捞越拥有一大片保护区，保护区内的生态系统运作良好，已经成为东南亚其他国家竞相学习的对象——在这一个州内就有10个自然公园，还有多个自然保护区、野生动物保留地和其他类型的保护区。每个保护区无论大小，或是位于海边，或是位于山地，都保护着独特的自然环境或是某种奇特的物种资源。

巴科国家公园（Bako National Park）和穆卢山国家公园（Gunung Mulu National Park）是沙捞越最重要的两个国家公园，两个公园内都拥有各自独特的岩石风貌。

巴科国家公园成立于1957年，位于加里曼丹岛延伸至南海的一个沙地半岛上。尽管这个公园的面积很小，但是却保护着好几个不同种类的森林（海滨森林、丘陵森林和峡谷森林）。不仅如此，这里还有一片面积小巧却极为富饶的红树林。公园内生活着各种不同种类的动物，包括须野猪，这是一种长着奇特金色胡须的野猪。

穆卢山国家公园是沙捞越最大的公园（面积

巴科位于加里曼丹岛，在马来西亚的沙捞越州内。巴科国家公园建立于1957年，是沙捞越州最早建立的国家公园

520平方千米），这里有本地特有的白云灰岩。在公园内有一些非常著名的小山峰，需要好几个小时艰苦的行程才能到达——步行穿越复杂的丛林，你将能看到马来西亚最为令人印象深刻的风景——也许这样美丽的景色在整个东南亚都难以找到第二处。

锋利如剑的岩石仿佛出鞘的雪色利刃，从绿色的森林中拔地而起，几米高，其形态如同一把短匕——这就是著名的亚庇山（Gunung Api）。这难以言表而又独特的自然"建筑"是千百万年来季风雨精雕细刻的佳作。

穆卢山国家公园还因著名的洞穴系统和地下迷宫而著称。地下水长年累月不断地对石灰岩的侵蚀作用形成了这独特的幻境。最著名的洞穴鹿洞（Deer Cave），是一处比较容易进入探险的地方，不仅如此，它还有世界上最大的洞穴隧道（高120米，宽175米），形成一个奇特的山底的地下通道。这个洞穴内栖息着500万只蝙蝠，它们聚集在一起，在白天最晴朗明亮的时候都遮天蔽日，可称为地球上的一个奇景。

沙捞越的其他国家公园也值得一提。尼亚国家公园（Niah National Park）是东南亚最著名的考古遗址，这里发现了4万年前人类的遗迹。在巨大的洞穴中，成千上万只金丝燕不断地筑巢，其窝巢可以做成一道著名的中国菜，称为"燕窝汤"。加丁山国家公园（Gunung Gading National Park）是为了保护大王花而建立的。大王花是世界上最大的花，花瓣呈橙红色，花冠白色，巨大的花朵直径将近1米，生长在沙捞越（其他类似的花分布在印度尼西亚的苏门答腊和马来西亚的沙巴），它散发出的恶臭气味吸引着各种昆虫前来。

巴科国家公园内，长鼻猴一家子在落潮时穿越一片红树林。这种猴子与众不同的大鼻子将它们与其他灵长类动物区分开来。这种独特的动物是加里曼丹岛特有的物种，现在因数量急剧减少而面临濒危的处境

沙捞越的热带雨林是许多灵长类动物的家园，包括灰长臂猿，它是加里曼丹岛的濒危物种之一

飞狐猴四肢之间由一层薄膜相连，使它能够在树间滑行

身上有条状斑纹的狸猫喜好夜间活动，它们住在东南亚的森林之中

韦氏竹叶青盘绕在多刺的树枝上，静静地等待猎物从这里路过

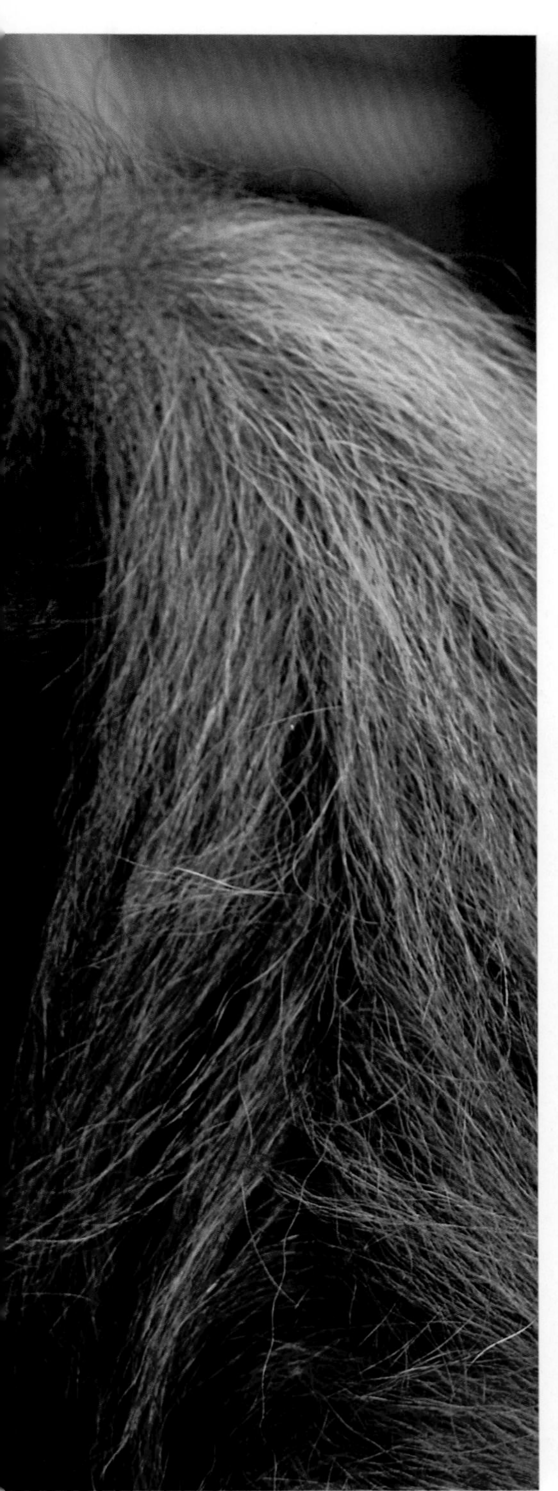

红毛猩猩生活在加里曼丹岛（马来西亚和印度尼西亚均有）和苏门答腊的热带雨林中。红毛猩猩与山地猩猩和黑猩猩不同的地方是，它们与树的关系更加紧密，而且很少到地面上行动。由于森林砍伐日益严重，以及人类对它们的生活过多的打扰，使得它们的处境越来越危险。红毛猩猩的数量不断减少，一些保护组织在森林中建立了特殊的救护中心，帮助它们重新回到野外

兰比尔山国家公园内的一处瀑布。这里的生物多样性极其引人注目，仅52公顷的土地上，已经被确认的植物品种有1175种

靠近古晋市的库巴国家公园内，山中某处的一个特写镜头。这个保护区因拥有种类繁多且大小不一的棕榈树而闻名于世。这片地区已知的98种棕榈树种中，大约有18种是濒危物种

弗莱士花，也被称为大王花，是世界上最大的花朵，在加丁山国家公园中盛放

40

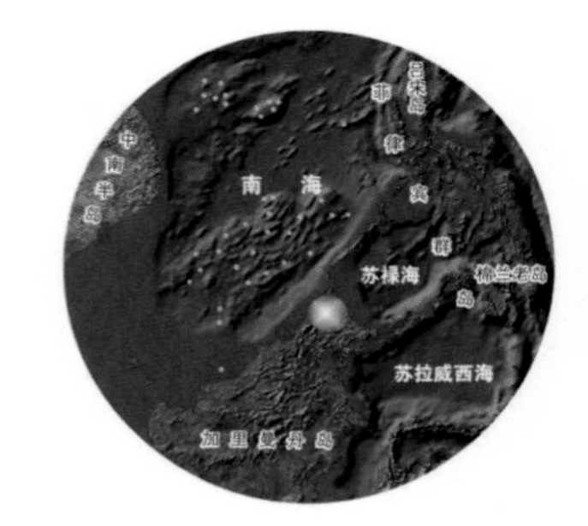

马来西亚

Sabah National Parks
沙巴的国家公园

马来语把猩猩称为“orang-utan”，意思是“林中人”。毫无疑问的是，红毛猩猩的面部表情、母亲对幼猩的关怀程度、年幼猩猩对游戏的热爱同人类行为几近一致。猩猩是人类的近亲，但是它们现在却遭受到人类的威胁，每一个参观过人猿保护中心的人都能够体会到这个问题的严重性。

这个中心位于马来西亚沙巴州的卡比利-塞皮洛克（Kabili-Sepilok）森林保护区，加里曼丹岛其他地区因森林砍伐严重而被转移到这里的猩猩们在这里得到精心的教育和饲养，直到它们能够再一次回归野生环境中独立生活。成年红毛猩猩遭到走私者的诱捕，而幼小的红毛猩猩在母亲被杀后就完全被孤立在森林中，可怜的小家伙们漫无目的地在被“改装”成种植园的森林中徘徊，这些故事都是经常发生的事实。为了改善这种状况，印度尼西亚和马来西亚的政府都做出了努力，但是很不幸，一直没能获得成功。

卡比利-塞皮洛克森林保护区内的丛林地区占很大一部分，游客可以每天和红毛猩猩接触两次，都是在它们进食的时候。

红毛猩猩们从保护区内的森林各处纷至沓来，

基纳巴卢山（4095米）是喜马拉雅山脉与新几内亚岛之间最高的山峰。这里是加里曼丹岛的北端，位于马来西亚境内。同时，这里还是数以万计旅行者的目的地——为了一睹山坡上那浓密的丛林

位于沙巴州东部的基纳巴唐岸河周围地区，是加里曼丹岛少有的几处处女森林之一

基纳巴卢山的山坡上，到处都是典型的蕨类植物和热带植物。在加里曼丹岛，人们已知的树种远远超出亚马孙雨林中人们已知的树种数量

不需要花任何力气就能到达平台上，而平台早已为它们的到来准备好了丰富的水果，这时这些灵长类动物总喜欢相互追逐一阵子。这个场景可是足够让人感到兴奋和喜悦的。

马来西亚，尤其是沙巴州，其自然环境在东南亚具有独特的地位。一方面，人们已经尽自己最大的努力来保护自然环境，但另一方面，种植价值可观的棕榈油树的种植园越来越壮观，对丛林的生物多样化造成彻底的破坏。尽管如此，保护区还是突破重重阻力而建成，比如达努姆谷（Danum Valley）保护区。保护区内的一些树可以一直长到80米高，最近30年来，不少研究人员聚集在达努姆谷开始研究那里的生态系统。达宾保护区（Tabin Reserve）保护着3种独特的哺乳动物：亚洲象、苏门答腊犀牛和白臀野牛。

热带雨林是这个星球上生物资源最多样化的地方，东南亚的热带雨林尤其如此，甚至超过其他地区的热带雨林。在这里，生活着几百种蝴蝶种类，以及成千上万种昆虫。鸟类的多样性在这个丛林中也达到了极致，遍布于整个生态系统内（如森林明亮的树冠上和黑暗的树枝间）。在这里，最独特的鸟类就是著名的犀鸟。犀鸟与巨嘴鸟的体型相似，其特点就是那力量巨大无比的喙状嘴，还有它们头上形状奇特的角状物。

马来西亚境内的加里曼丹岛树种非常丰富，甚至超过了亚马孙雨林。在沙巴州最著名的国家公园——基纳巴卢山国家公园（Mount Kinabalu National Park）内，大约有1500多种兰花种类，其中有77种是本地特有的品种。这里还有许多品种的杜鹃花和猪笼草，比其他同等面积地区的数量都要多得多。

值得一提的是，这里有一种拉贾猪笼草，有世界上最大的瓶状叶：那巨大的瓶状叶能够吸引各种昆虫前来，其容积可达2立方米。

基纳巴卢山高达4095米，是马来西亚海拔最高的山峰，在东南亚排名第三。

雄性红毛猩猩生活在加里曼丹岛上沙巴州的达努姆谷保护区内

白点林蛇在东南亚的森林地区很常见

迷你眼镜猴是原猴亚目种灵长类动物，生活在东南亚的森林里。它们生活在树上，以昆虫为食，喜爱夜间活动。眼镜猴的爪子当中的第三根趾比其他几根都要长很多

基纳巴卢山坡上巨大的树根

基纳巴卢山坡上生长的豹斑猪笼草。猪笼草是一种食虫植物，常见于亚洲的热带地区。加里曼丹岛拥有世界上体型最大的猪笼草（一旦昆虫不小心掉入漏斗状巨大的捕虫囊内会立即被消化）

41

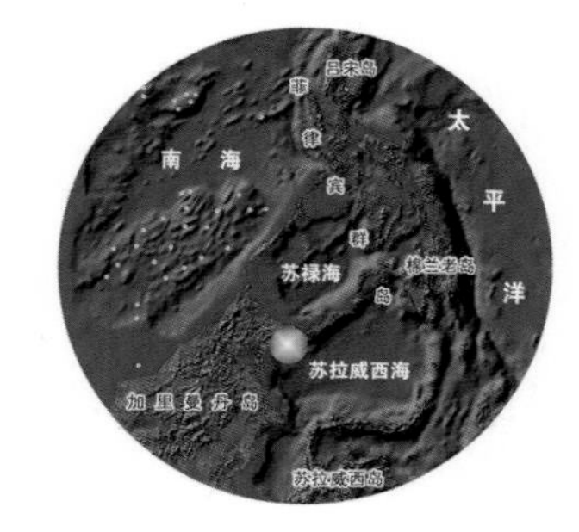

马来西亚

Sipadan Island
诗巴丹岛

“45年前，我曾见过其他像诗巴丹岛（Sipadan）一样美丽的地方，但是后来都消失了。而我们现在发现了这个纯净无瑕的大自然的杰作。”1989年，法国探险家雅克·库斯托（Jacques Cousteau，海军军官、探险家、生态学家、电影制片人、摄影家、作家、海洋及海洋生物研究者，法兰西学院院士）开着自己著名的研究船周游世界的时候，在加里曼丹岛“海之女神”（这里指诗巴丹岛）的海岸停泊下来。

那个时候，诗巴丹岛是一个鲜为人知的岛屿，位于仙本那岛（Semporna）以南35千米。1933年，这里建立了一座鸟类避难所，面积12万平方米，保护生活在热带丛林中的杂色皇鸠和非常稀少的红林啸鹟。库斯托如往常一样潜入水底，然后就看到一个水下天堂。他从来都没有见过如此种类繁多的珊瑚、巨大的鱼类和难以计数的鲨鱼和绿海龟。深蓝色的海水中布满了珊瑚礁，这里是各种无脊椎动物的家园。本来打算只待几日的库斯托在这里一直停留了6个月，他大量记录下这里的海底奇景。库斯托使诗巴丹岛成名，很短的时间内，全球各地的潜水爱好者纷纷前来一睹这个失落的天堂胜境。诗巴丹岛很快成为世界上知名的水肺潜水基地。

被郁郁葱葱的热带森林所覆盖的诗巴丹岛，是一座珊瑚“建造”的岛屿，位于大陆架海底的一座古老而早已沉寂的火山之上，面积12万平方米。这里是各种珍稀鸟类的家园，而更加珍贵的自然珍宝则是躺在波涛之下的珊瑚礁

诗巴丹岛是马来西亚唯一一座靠近加里曼丹岛东北海岸的岛屿

诗巴丹岛是世界上著名的潜水胜地，在这里能很容易地看到大量远洋性中上层洄游鱼类（这些鱼类常常见于外海或深海中）。例如双髻鲨被岛周围的大量鱼类吸引而来

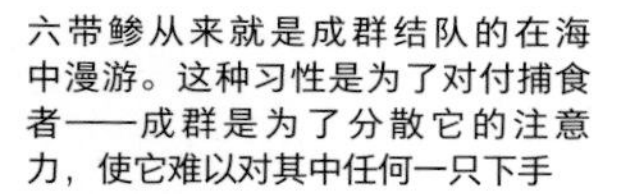

六带鲹从来就是成群结队的在海中漫游。这种习性是为了对付捕食者——成群是为了分散它的注意力，使它难以对其中任何一只下手

无法避免的事情发生了，大量的潜水者给这里带来了足够多的麻烦。不断增加的游客，促使这个岛屿的沙滩上大规模地兴建楼房和酒店，以满足游客的需求。2000年，一群菲律宾暴徒在这里绑架了20个人，包括游客和当地人，这一事件使这个一直沉睡的岛屿登上世界各个媒体的头条。5年以后，马来西亚决定关闭诗巴丹岛上所有的酒店，并且增设了常驻的武装护卫，只允许人们到这里来潜水，不允许在岛上过夜，但可以住在附近的岛屿上（最近的岛是马布尔岛，坐船只需要25分钟便可到达）。潜水者现在可以尽情享受潜水的乐趣，这里既安全，人又不会太多。

诗巴丹岛的地质情况使得这个岛屿更加特殊。实际上，诗巴丹岛是马来西亚唯一一个位于大陆架之外的海洋性岛屿，由水下的古代火山不断堆积的珊瑚礁形成。潜水者在这里可以欣赏到一座色彩缤纷的珊瑚花园，只需要往水下潜入几米，而后就可以垂直潜入到600米下的大海深处。诗巴丹岛周围海域中的动物物种资源比大多数热带环礁岛要丰富得多。各种种类独特的珊瑚礁周围，生活着大量深海鱼类，包括蝠鲼和极其罕见的双髻鲨。

诗巴丹岛位于印度洋—太平洋生物地理区的中心位置，也就是科学家们定义为“地球海洋恒温箱”的地方，这里是地球上海洋生物多样性资源最丰富的地区，这也是为什么诗巴丹岛总是被列入世界最佳潜水基地名单的原因。诗巴丹岛上最著名的潜水地点是大峭壁（Drop Off）、南角（South Point）和梭鱼角（Barracuda Point），在这些地方，成千上万的梭鱼组成巨大的纵队四处游动，将阳光都遮挡住。

的确，诗巴丹岛是大自然的杰作。

黑鳍白鲑梭鱼群是潜水者在水下最喜爱的场面之一

千余只黑鳍白鲑梭鱼围绕成旋涡状，聚集在海岛北端著名潜水胜地梭鱼角的不远处

42

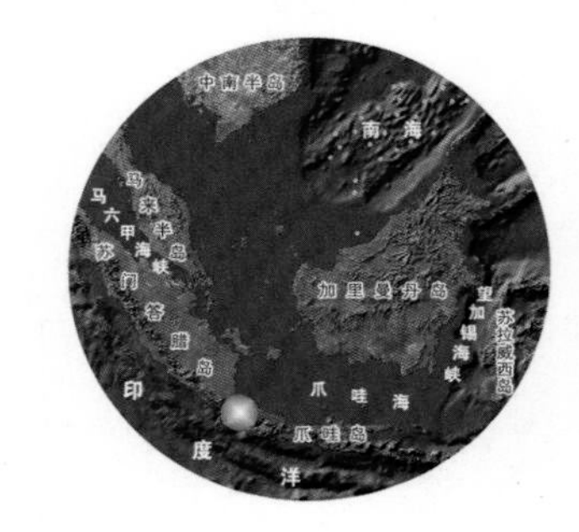

印度尼西亚

Ujung Kulon National Park
乌戎库隆国家公园

直到1883年8月27日，喀拉喀托（Krakatoa）还只是爪哇岛海岸附近的一个小岛，岛上覆盖着茂密葱翠的植物。小岛有着印度尼西亚特有的潮湿热带低地气候，最高处海拔仅822米。

而一天以后，这座岛屿的2/3被彻底毁坏，所有的生物都被世界上最强大的地质运动——火山爆发所消灭。4座巨大的火山同时喷发，摧毁了喀拉喀托岛。这股原始的力量异常巨大，火山将大约25立方千米的岩石、灰尘以及其他碎片喷射到天空，大海因火山而引起剧烈海啸，海浪几乎高达30米。火山爆发的声音是地球上难得一遇的巨响，甚至可以载入吉尼斯世界纪录中——远在5000千米以外的澳大利亚和毛里求斯都能听得到。火山爆发所引发的地震遍及太平洋和印度洋地区，直到旧金山。这次火山爆发引起了巨大而悲惨的灾难：135个城市和村庄被摧毁，超过36 000人在灾难中丧生，还有成千上万的伤者需要治疗。甚至连地球的气候都受到了影响。

火山爆发之后的一年，由于灰尘和碎屑所形成的云雾反射了太阳光的大部分（与平时相比较），全球平均温度降低了1.2℃，使整个星球的温度都变低了，直到1888年才恢复正常。在这之后，火山喷

爪哇犀牛是世界上最珍贵的哺乳动物之一，它们生活在乌戎库隆国家公园内，还有一部分生活在越南的保护区内

乌戎库隆国家公园保护着重要的海岸森林和离海岸不远的几座海岛。这些岛屿中最有名气的是喀拉喀托火山岛，1883年，这里曾爆发大规模的岩浆喷射

射出的硫黄也通过酸雨的形式回到地球上来。当火山喷发之时，一连几日，天空变得异常灰暗，而后好几个月的时间里，全世界范围内都出现了极其壮观的日落景象（有些人认为那红色的天空给画家蒙克的作品《呐喊》提供了灵感，而这一切，都是喀拉喀托火山喷发造成的气象环境）。

1930年，一座新的喀拉喀托岛——安纳喀拉喀托（Anak Krakatoa，意为“喀拉喀托岛之子”或“小喀拉喀托岛”）浮出水面，位置和当时被完全摧毁的喀拉喀托岛一样。尽管直到今天，火山活动仍在进行，安纳喀拉喀托岛、塞尔通（Sertung）岛、潘姜（Panjang）岛和拉卡塔（Rakata）岛这4座小小的岛屿上，却并不完全是贫瘠荒凉的火山岩石。极短的时间内，从相距仅44千米外的爪哇岛，通过海风和海水为这些岛屿带来了400多种植物生命和几千种昆虫种类。这4座岛屿如今已经成为科学家们独特的实验室，为科学家们提供关于植物和动物是如何逐渐占领一个新的岛屿的新课题。正因为这个原因，这4个岛屿在今天成了乌戎库隆国家公园（Ujung Kulon National Park）的一部分，而这个公园对于印度尼西亚来说相当重要。

乌戎库隆国家公园于1982年成立，范围还包括爪哇岛的西部顶端地区。在岛上的红树林、低地森林与海滨森林中，生活着白臀野牛、黑鹿、野猪以及各种鸟类。这里还是一种极度珍稀的野生动物——爪哇犀最后的家园。世界上仅剩的另外一小部分爪哇犀生活在越南的国家公园内。出乎意料的是，正是由于喀拉喀托火山的喷发，让所有生活在这片地区的人类遭遇了海啸的灭顶之灾，反而使得这里保留的一小部分乌戎库隆犀牛（爪哇犀）的数量至今都没有遭到人类的破坏。而在爪哇岛的其他地方，最后一只爪哇犀于1934年惨遭人类的杀害。今天，野生爪哇犀的数量少于100只，其中大部分生活在乌戎库隆国家公园中。2006年，公园内有4只爪哇犀宝宝降生了，这种喜悦让我们相信，爪哇犀仍然有可能延续繁衍下去。

乌戎库隆的内陆风光，可以看到森林、草地和河流

43

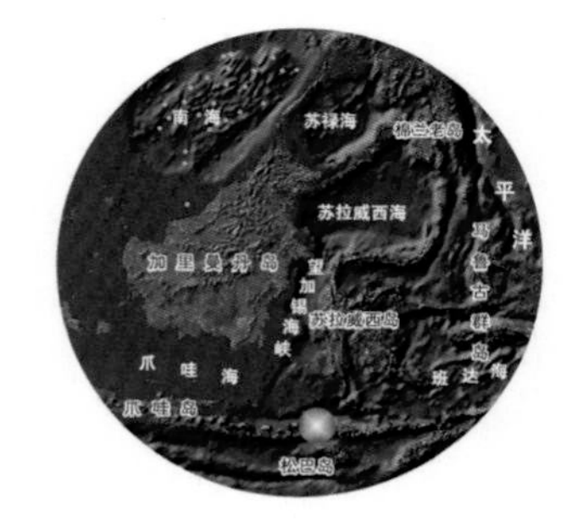

印度尼西亚

Komodo National Park
科莫多国家公园

一个保护区或国家公园的明星主角是爬行动物，而非哺乳动物、鸟类或是某种植物，这种事情极为罕见。也许因为爬行动物的体型太小，也许因为它们中的大多数都被认为是危险动物，或者因为它们非常难以辨认，无论是哪种原因，使得蜥蜴、蛇及类似动物都不怎么受欢迎，更无法与那些喜爱炫耀、表演欲强的动物相比。尽管如此，还是有特例，世界上还是有体型大的爬行动物，比如佛罗里达州大沼泽中的短吻鳄，或者是加拉帕戈斯象龟。

在亚洲，最著名的大型爬行动物当属科莫多巨蜥，这种动物被发现于印度尼西亚东努沙登加拉（Nusa Tenggara Timur）省名气不大的科莫多（Komodo）、林卡（Rinca）和弗洛勒斯（Flores）三岛之上。这些岛屿是科莫多巨蜥在地球上唯一的家园。

这种远古的蜥蜴在1500万年间没有多少变化。其庞大的体型证明了它们是恐龙的远亲。成年科莫多巨蜥的长度可达2米（最长的纪录3.13米），体重可达70千克（最大的体重可达165千克）。即便是科莫多巨蜥的长相，都没有“进化”多少：它们的四肢力量强大，撕扯能力强，粗厚的表皮看上去像是中世纪骑士身上的铠甲，舌头是黄色的，形状跟

小巧的帕达岛，连同较大的科莫多岛和林卡岛共同组成了科莫多国家公园。公园由印度尼西亚政府于1980年建立

科莫多岛屿只有雨季时才有降雨，
而剩下的8个月中完全没有降雨

科莫多岛上无可比拟的火山风光

蛇的舌头一样。一旦科莫多巨蜥遇到猎物，它们便用尾巴将对方猛然击倒，咬住对方的四肢，然后残酷地撕碎猎物的皮肉。科莫多巨蜥常常将活着的猎物开肠破肚，尽情地享用其内脏，然而，牺牲者的死亡总是很缓慢和痛苦。鹿、马、水牛、猪等啮齿类动物以及其他爬行类动物，都是科莫多巨蜥的食物——甚至人类也必须小心，不要靠它们太近。

2007年，一条科莫多巨蜥杀死了一名8岁的儿童。关于这种动物，还有更可怕的事情。一旦被科莫多巨蜥咬一口，就会致命。因为它的牙齿上含有50种高毒细菌，一旦被咬伤就会缓慢地、不可避免地死亡。

因为科莫多巨蜥的名气，科莫多岛和附近地区吸引了无数游客到访，每一年，人们都希望在国家公园的山地和火山周围亲眼目睹科莫多巨蜥的雄姿。1980年，科莫多国家公园建立，占地面积约1800平方千米。整个公园由几个岛屿组成，岛屿上覆盖着茂盛的常绿植物和草地。由于这里的生存环境非常恶劣以及淡水的缺乏，很少有人居住。尽管科莫多巨蜥的数量很少（大约有3000～4000只），但是它们还是很容易被发现，尤其是在植被较科莫多岛更为稀少的林卡岛上。这座公园还有其他非常吸引人的地方，比如鸟类，有些鸟是澳大利亚的稀有品种，如鸡尾鹦鹉和家雉。海岛周围的珊瑚礁中，生活着大量的海牛和儒艮。无论如何，在这里，没有其他任何动物可以像科莫多巨蜥一样如此引起人们的注意。

科莫多巨蜥是世界上最大的爬行动物之一，还是印度尼西亚群岛的濒危物种，它在1910年首次被欧洲人发现。那一年，荷兰海军上尉范·斯泰恩·范·亨斯布洛克在此岛上登陆。一只雄性的科莫多巨蜥体长2米，重70千克

并不是所有的珊瑚都在挥舞着手臂，比如钟形微孔珊瑚看上去就十分扁平

因为大斑躄鱼的身体尺寸和伪装能力，在珊瑚丛中很难发现它们

科莫多国家公园70%的面积是海洋保护区。巽他群岛的珊瑚礁是世界上生物多样性最丰富的珊瑚礁之一，其中包括许多太平洋和印度洋的特有品种

44

印度尼西亚

Sulawesi Island
苏拉威西岛

阿弗雷德·罗素·华莱士（Alfred Russel Wallace）的名气远没有达尔文那么大。他出生在威尔士，是英国博物学家。他在1823年萌生了一个和达尔文一样的想法，即自然选择论。今天，他被认为是生物进化论的创始人之一。当达尔文远行去加拉帕戈斯群岛观察那里的雀科鸣禽时，华莱士正在东南亚旅行，因旅行中的所见所闻从而激发出一种假想。他主要是在马来西亚和印度尼西亚活动。

在这些地方，华莱士注意到，加里曼丹岛和苏拉威西岛（Sulawesi）上，植物和动物的亚种是迥然不同的。在加里曼丹岛，尤其是在爪哇岛和苏门答腊岛，动物和植物与大陆上的种类比较相近，有老虎、犀牛、大猩猩，但在苏拉威西岛上却生活着非常别样的动植物物种，有很多还是岛上特有的种。这个发现令华莱士费解，为什么会出现这样的现象？华莱士认为，两个岛屿上物种进化的时间大为不同，当加里曼丹岛还与大陆相连的时候，苏拉威西岛早已脱离了大陆，与大陆被深深的海洋裂缝（这裂缝将岛屿上和大陆上的动物相互隔离）隔开，独自在大洋中进行自然进化。

由于海洋的分隔，使得苏拉威西岛上的动植物

西里伯斯冠猴生活在苏拉威西岛的热带雨林中。苏拉威西岛是世界第十一大岛，面积约18.9万平方千米

杜阿 · 萨乌德拉火山位于苏拉威西岛的北部地区

鹿豚是苏拉威西岛上的濒危动物，它长相独特，两只上獠牙从嘴中突起向上弯曲，越过脸颊，一直弯曲至眼睛的上方，看上去如同犄角

在东南亚独特的森林中，漆树科属
人面树可以一直长到50米高

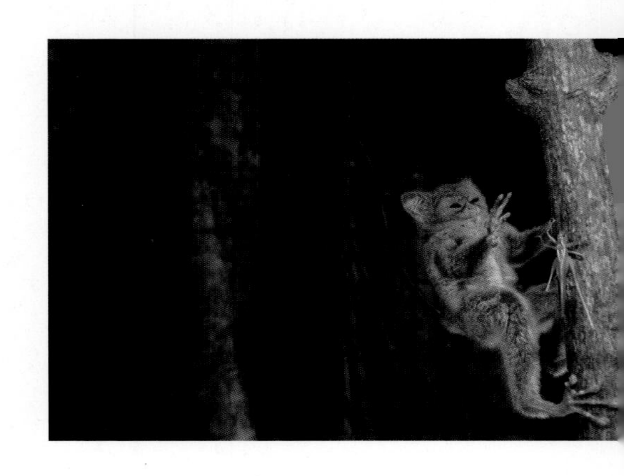

黑猴，仅生活在苏拉威西岛上，人们在岛上很容易碰到它，尤其是在汤科科弟尔自然保护区

苏拉威西岛上两种珍贵的濒危物种。左图中的这个，是一种特殊的跗猴，属于夜间活动的灵长目动物，大大的眼睛和突出的跗节骨非常吸引人，它们以昆虫为食。第二种是苏拉威西犀鸟，它正在享用苏拉威西犀果，那彩色的头和巨大的嘴是它的标志

布纳肯海洋国家公园的面积约为900平方千米，包括苏拉威西岛北部海岸和离岸不远的5座小岛。这里的海洋生物多样性在印度尼西亚首屈一指

进化和大陆上的动植物进化走上了两条完全不同的道路。

今天，为了纪念华莱士，科学家们假设了一条将苏拉威西岛与其他岛屿隔绝开来的动物地理区划界线，并将此线命名为"华莱士线"，而东南亚的动物分布过渡区域，包括苏拉威西岛和一些较小的岛屿都被称为"华莱士区"。

在华莱士区10 000多种植物当中，大约有1500种植物是本地的特有种，而在这座岛上所有陆生脊椎动物中本地特有的陆生脊椎动物种群占一半左右。科学家认为，这块位于亚洲和大洋洲之间独特的生物过渡区域——苏拉威西岛是一颗真正的宝石。

苏拉威西岛由火山形成，它的地质构造非常复杂，成扭曲状。岛上生活着亚洲的有蹄类动物和3种有袋动物。在偏远的森林中，生活着非常重要的本地物种，包括非常奇特的鹿豚。这是一种长着弯曲獠牙的野猪，那獠牙从嘴中突起，越过脸颊，一直弯曲至眼睛上方。现在这些鹿豚生活在洛雷林都国家公园（Lore Lindu National Park）；还有一种奇特的跗猴，这种小巧的灵长目动物的体积不超过人的手掌，一双大眼睛忽闪忽闪的，非常可爱，它们主要生活在汤科科弟尔自然保护区（Tangkoko Dua Saudara Natural Reserve）；还有一种名叫袋猫的动物，这种夜间活动的有袋动物喜欢在树上活动，现在居住在博加尼·瓦塔博内·德瓦利斯国家公园（Bogani Wartabone Dwaries National Park）。生活在山地森林中的亚种动物非常丰富，简直让人目不暇接。托吉安群岛（Togian）和布纳肯海洋国家公园（Bunaken Marine National Park）拥有亚洲特有的漂亮的海床。在布纳肯海洋国家公园的珊瑚礁中生活着大约2500多种鱼类。珊瑚礁在海底一直延伸数千英尺，为无数海底动物提供温暖的家园。而小海湾、海边悬崖、峡谷和裂谷中，更是生活着各种各样奇妙的动物。如果潜入海底，能够感受到一种无法言喻的孤独感，并能够产生一种空前的激情与亢奋。

魔鬼蓑鲉在太平洋和印度洋的珊瑚礁中属于常见鱼类，它那有毒的背鳍鳍棘已经成为它的标志，它的食物为甲壳类动物和其他小型鱼类

Photographic Credits 摄影师名录

III页 Mike Hill-OSF/Auscape
IV-V页 Dan Rafla/Getty Images
VI-VII页 Liu Liqun/Corbis
VIII-IX页 George Steinmetz/Corbis
X-XI页 Frans Lanting/Corbis
XVI-XVII页 Tom & Pat Leeson/ardea.com
XVIII-XIX页 Art Wolfe
XX-XXI页 Marcello Libra
XXII-XXIII页 Hiroj Kubota/Magnum Photos/Contrasto
XIV-1页 Romain Cintract/Getty Images
2-3页 Massimo Borchi/Archivio White Star
3页, 6页 Massimo Borchi/Archivio White Star
4-5页 Mark Taylor/Naturepl.com/Contrasto
6-7页 L.Vinco/Panda Photo
8页 Images&Stories/Alamy
8-9页 Bruno Morandi/Marka
9页 Images&Stories/Alamy
10-11页 Allgower Walter/Marka
12页, 12-13页, 13页 Antonio Attini/Archivio White Star
14-15页 Giulio Veggi/Archivio White Star
16页, 17页（下） Marcello Bertinetti/Archivio White Star
16-17页, 17页（上） Antonio Attini/Archivio White Star
18页, 19页, 21页 Itamar Grinberg
18-19页 Panorama Media Ltd
20页 Cesare Gerolimetto
22-23页 Itamar Grinberg
24页 World Pictures/Photoshot
24-25页 Itamar Grinberg/Archivio White Star
25页 Peter Ginter/Getty Images
26页 Paule Seux/Photolibrary Group
26-27页 Richard T. Nowitz/Corbis
27页 Ricki Rosen/Corbis Saba/Corbis
28页, 28-29页, 29页 Itamar Grinberg
30页, 31页 Massimo Borchi/Archivio White Star
32页, 33页 Giulio Veggi/Archivio White Star
34-35页, 35页 Marcello Bertinetti/Archivio White Star
36页 Jean-Marc Charles/Agefotostock/Marka
36-37页 World Pictures/Photoshot
37页 Ric Ergenbright/DanitaDelimont.com
38页 Arco Digital Images/Tips Images
38-39页 Galen Rowell/Mountain Light/Alamy
39页 Otto Pfister/NHPA/Photoshot
40-41页 P. Narayan/Agefotostock/Marka
42页 Ifa-Bilderteam Gmbh/Photolibrary Group
42-43页 Chris Curry/Hedgehog House
43页 Thomas Kitchin & Vict/Marka
44页 Chris Sattlberger/Tips Images
44-45页 Arco Digital Images/Tips Images
45页 Bios/Tips Images
46-47页 anp/Marka
48-49页 David Edwards/National Geographic Image Collection
49页 Pavel Filatov/Alamy
50-51页 Konstantin Mikhailov/Naturepl.com/Contrasto
52页, 52-53页 Fritz Poelking/Agefotostock/Marka
54-55页 Pavel Filatov
55页 Igor Shpilenok
56页 Konrad Wothe/Minden Pictures/National Geographic Image Collection
56-57页 Eric Baccega/Naturepl.com/Contrasto
57页 Galen Rowell/Mountain Light/Alamy
58-59页 Igor Shpilenok/Naturepl.com/Contrasto
60-61页 Konstantin Mikhailov/Naturepl.com/Contrasto
62页 JTB Photo Communications, Inc./Alamy
62-63页 Masahiro Lijima/ardea.com
64页, 64-65页 George Steinmetz/Corbis
65页 Jose Fuste Raga/Corbis
66-67页 Tiziana e Gianni Baldizzone/Archivio White Star
68页（上） Sven Zellner
68页（下）, 68-69页, 69页 Konstantin Mikhailov/Naturepl.com/Contrasto
70-71页 Huw Cordey/Naturepl.com/Contrasto
72页 Sue Flood/Naturepl.com/Contrasto
72-73页 Andrey Zvoznikov/ardea.com
73页 Paal Hermansen/NHPA/Photoshot
74-75页 Jordi Bas Casas/NHPA/Photoshot
76-77页 Art Wolfe
78页 Igor Shpilenok/Neturepl.com/Contrasto
78-79页 Franco Barbagallo
79页 Sylvain/Cordier/Jacana/Eyedea/Contrasto
80-81页 Franco Barbagallo
82页 Igor Shpilenok/Neturepl.com/Contrasto
83页（上） Daisy Gilardini/DanitaDelimont.com
83页（下） Igor Shpilenok/Neturepl.com/Contrasto
84页（上）, 84-85页, 85页 Igor Shpilenok/Neturepl.com/Contrasto
84页（下） Franco Barbagallo
86-87页 Franco Barbagallo
88页 Conrad Maufe/Naturepl.com/Contrasto
88-89页 Tbkmedia.de/Alamy
89页 Conrad Maufe/Naturepl.com/Contrasto
90页, 90-91页 Lynn M. Stone/Naturepl.com/Contrasto
91页 Tom & Pat Leeson/ardea.com
92页 Katsuki Azuma/Getty Images
92-93页 Photo/Tips Images
93页 Yoshihiro Takada/Getty Images
94-95页 Nature Production/Naturepl.com/Contrasto
96页, 96-97页 Marcello Libra
98页 Desirée Astrom
98-99页, 99页 Marcello Libra
100页（上） Top Photo/Tips Images
100页（下） Nature Production/Naturepl.com/Contrasto
100-101页 Top Photo/Tips Images
101页 Nature Production/Naturepl.com/Contrasto
102-103页 Masami Goto/Getty Images

104–105页，106–107页 Akira Isonishi/Getty Images
105页 Karen Kasmauski/National Geographic Image Collection
108–109页 Michihiko Kanegae/Getty Images
110页 Andoni Canela/Marka
110–111页 Bios/Tips Images
111页 Marcello Libra
112页 Desirée Astrom
113页 Marcello Libra
114页 Art Wolfe/Getty Images
114–115页 Gavriel Jecan/DanitaDelimont.com
115页 Agefotostock/Contrasto
116页 Arco Digital Images/Tips Images
117页（上） Colin Monteath/Minden Pictures/National Geographic Image Collection
117页（下） Jonathan Blair/Corbis
118–119页 Nick Groves/Hedgehog House
120页 Guy Cotter/Hedgehog House
120–121页 Colin Monteath/Hedgehog House
122–123页 Michele Falzone/JAI/Corbis
124–125页 Abbie Enock; Travel Ink/Corbis
125页 A.Dragesco–Joffe/Panda Photo
126–127页 Panorama Media Ltd
128页，128–129页，129页 Marcello Bertinetti/Archivio White Star
130–131页 George Chan/Naturepl.com/Contrasto
132页（上） Jenny E. Ross/Corbis
132页（下） Lynn M. Stone/Naturepl.com/Contrasto
133页 Pete Oxford/Naturepl.com/Contrasto
134页 Li Yu/China Foto Press
134–135页 World Pictures/Photoshot
136页 Li Yu/China Foto Press
136–137页 Panorama Media Ltd
138页 Khalid Ghani/NHPA/Photoshot
138–139页 Keren Su/China Span
139页 Panorama Media Ltd
140页 Charles Crust/Danitadelimont.com
141页（上） Imagine China/Contrasto
141页（下） DLILLC/Corbis
142页 Barry Bland/Naturepl.com/Contrasto
142–143页 Han Hartzuiker/Marka
143页 Joanna Van Gruisen/ardea.com
144页 Dinodia Photo Library/Marka
144–145页 Elly Campbell/Alamy
145页 Garry Weare/Lonely Planet Images
146页 Jon Arnold Travel/Photolibrary Group
146–147页，147页 Miles Ertman/Masterfile
148页 J. A. Kraulis/Masterfile
149页 Gareth McCormack/Getty Images
150–151页 Imagestate/Tips Images
152页，152–153页，153页 Richard I' Anson/Lonely Planet Images
154页，156–157页 J. Foott/Panda Photo
154–155页 Egmont Strigl/imagebroker/Alamy
155页 S.Ardito/Panda Photo
156页 Jon Arnold/DanitaDelimont.com
158–159页 Galen Rowell/Mountain Light
160页 Richard I' Anson/Lonely Planet Images
160–161页 Sisse Brimberg & Cotton Culson/Getty Images
161页 Charles McDougal/ardea.com
162页 Charles McDougal/ardea.com
163页（上） Richard I' Anson/Lonely Planet Images
163页（下） Michael Freeman/Corbis
164页 Bios/Tip Images
164–165页 G & R Maschmeyer/Pacific Stock/Photolibrary Group
165页 Jean–Pierre Zwaenepoel/Naturepl.com/Contrasto
166–167页 Bernard Castelein/Naturepl.com/Contrasto
167页 Jean–Pierre Zwaenepoel/Naturepl.com/Contrasto
168页 Anup Shah/Naturepl.com/Contrasto
169页 A. Shah/Panda Photo
170页 Ardea London/ardea.com
170–171页 Hira Punjabi/Lonely Planet Images
171页，172页 Jagdeep Rajput/ardea.com
173页 Laurent Geslin/Naturepl.com/Contrasto
172–173页 Bernard Castelein/Naturepl.com/Contrasto
174–175页 Ardea London/ardea.com
176页 Elliott Neep/Photolibrary Group
176–177页 Art Wolfe
177页 Pete Oxford/Naturepl.com/Contrasto
178–179页 Theo Allofs/Getty Images
180页 Tom Brakefield/Getty Images
181页 Toby Sinclair/Naturepl.com/Contrasto
182页 A. Shah/Panda Photo
182–183页 Pete Oxford/Naturepl.com/Contrasto
183页 Bernanld Castelein/Naturepl.com/Contrasto
184页，184–185页 James Warwick/Getty Images
185页 James Warwick/Photoshot0
186–187页 Bernard Castelein/Nature Picture Library/Alamy
188页 Andy Rouse/Photoshot
188–189页 Jagdeep Rajput/ardea.com
189页 Images&Stories/Alamy
190–191页 Martin Harvey/NHPA/Photoshot
192–193页 Superstock/Marka
194页 Frans Lanting/Corbis
194–195页 Marcello Bertinetti/Archivio White Star
195页 Travelmoements/Alamy
196–197页 Agefotostock/Contrasto
198–199页 Andy Rouse/Photoshot
200页（上） H Lansdown/Alamy
200页（下） Alex Dissanayake/Lonely Planet Images
201页 Imagestate/Tips Images
202页 Roger Bamber/Alamy
202–203页 Luciano Lepre/Tips Images
203页，204页（下） Joanna Van Gruisen/ardea.

com
204页（上） A. Shah/Panda Photo
205页 Arco Digital Images/Tips Images
206-207页 Stuart Westmorland/DanitaDelimont.com
207页 Emmanuel Valentin/Hoa-Qui/Eyedea/Contrasto
208页 David Nardini/Masterfile
209页（上） Paolo Curto/Tips Images
209页（下） Emmanuel Valentin/Hoa-Qui/Eyedea/Contrasto
210-211页 Photononstop/Tips Images
212页 Nature Production/Naturepl.com/Contrasto
212-213页，213页（下），214页 Reinhard Dirscherl/Marka
213页（上） Kurt Amsler/ardea.com
214-215页 Gerard Soury/Photolibrary Group
216-217页，219页 Thoswan Devakul/Naturepl.com/Contrasto
217页 Michael Sewell/Marka
218页 Steve Bloom Images/Alamy
220页 Gary Dublanko/Alamy
220-221页 John Waters/Naturepl.com/Contrasto
221页 Anup Shah/Naturepl.com/Contrasto
222页 Livio Bourbon/Archivio White Star
222-223页 Robert Francis/Photolibrary Group
223页 Franco Barbagallo
224-225页 Yann Arthus-Bertrand/Corbis
226-227页，228页，228-229页，229页 SeaPics.com
230页，230-231页，231页 Huw Cordey/Naturepl.com/Contrasto
232页 Tibor Bognar/Photononstop/Photolibrary Group
232-233页 Gardel Bertrand/hemis.fr/Photolibrary Group
233页 Romain Cintract/Hemis/Corbis
234页（上） Karsten/Alamy
234页（下） Doug Wechsler/Naturepl.com/Contrasto
235页（上） Tim Laman/National Geographic Image Collection
235页（下） Look Die Bildagentur der Fotografen Gmbh/Alamy
236页 John Warburton-Lee/DanitaDelimont.com
237页 Patricio Robles Gil/Agefotostock/Marka
238-239页 Alberto Rossi/Tips Images
239页 Jon Arnold Images/DanitaDelimont.com
240页 Michele Falzone/Alamy
240-241页 Jean-Paul Ferrero/Hedgehog House
241页 Steve Vidler/Aisa
242页 Reinhard Dirscherl/Agefotostock/Contrasto
243页（上） Andre Seale/Agefotostock/Contrasto
243页（下） Carl Roessler/Photolibrary Group
244页（上） Photononstop/Tips Images
244页（下） Bruno Morandi/Marka
245页 Chris Hellier/Corbis
246-247页 Nick Garbutt/Naturepl.com
248页 Cede Prudente/NHPA/Photoshot
248-249页，249页（上） Art Wolfe
249页（下） Nick Garbutt/Naturepl.com/Contrasto
250-251页 Christophe Courteau/Naturepl.com/Contrasto
251页 Gerald Cubitt/NHPA/Photoshot
252页 Thomas Marent/Minden Pictures/National Geographic Image Collection
252-253页 Jouan C. Rius J./Jacana/Eyedea/Contrasto
253页 Michael J Doolittle/Marka
254页 Nick Garbutt/Naturepl.com/Contrasto
254-255页 Frans Lanting/Corbis
255页 Nick Garbutt/Naturepl.com/Contrasto
256页 T. Laman/Agefotostock/Marka
257页 Nick Garbutt/Naturepl.com/Contrasto
258页（上） Michael Patricia Fogden/Minden Pictures/National Georgraphic Image Collection
258页（下） Frans Lanting/Corbis
258-259页 Nick Garbutt/Naturepl.com/Contrasto
259页 Michael J. Doolittle/Marka
260页 Lawson Wood/Corbis
260-261页 Marcello Bertinetti/Archivio White Star
261页 Sergio Pitamitz/DanitaDelimont.com
262页 Ed Robinson/Photolibrary Group
262-263页 SeaPics.com
264-265页 SeaPics.com
266-267页 Doug Perrine/Photolibrary Group
268页 Agefotostock/Contrasto
268-269页 Juan Carlos Muñoz/Agefotostock/Marka
269页 Art Wolfe
270-271页 Juan Carlos Muñoz/Agefotostock/Marka
272-273页 Marc Chamberlain/Alamy
273页 Marcello Bertinetti/Archivio White Star
274-275页 Michael Pitts/Naturepl.com/Contrasto
276页 Marcello Bertinetti/Archivio White Star
276-277页 Theo Allofs/Getty Images
278页 Reinhard Dirscherl/Alamy
278-279页 James Watt/Photolibrary Group
279页 Mark Webster/Photolibrary Group
280-281页 Solvin Zankl/Naturepl.com/Contrasto
281页（上） Berndt Fischer/Agefotostock/Contrasto
281页（下） Berndt Fischer/Photolibrary Group
282页 Solvin Zankl/Naturepl.com
282-283页 Berndt Fischer/Agefotostock/Contrasto
283页（上） Mark Jones/Agefotostock/Contrasto
283页（下） Mark Jones/Minden Pictures/National Georgraphic Image Collection
284页 Dave Fleetham/Pacific Stock/Photolibrary Group
285页 Jim Watt/Pacific Stock/Photolibrary Group